passion

of the books, by the books, for the books

passion

一面追風，一面追問

大陸近二十年書業與人物的軌跡

俞曉群 著

目錄

書與人

閱讀與思考

出版‧體驗

書與人

關於一個「奇人」的奇思妙想

十一月十四日，《中國圖書商報》刊載了一幅商務印書館的整版廣告。我一眼看去，脫口就說：「這是近年來，我見到的創意最好的廣告！」它由三部分組成，第一是「我們的作者」，列出十六位作家的照片；第二是「我們的員工」，列出十六位出版家的照片；第三是「我們的圖書」，列出《法意》、《東方雜誌》、《小說月報》、《百衲本二十四史校勘記》、《辭源》、《現代漢語詞典》、《小邏輯》等刊物與著作的書影。三個部分的「隔斷」上寫著：「創於一八九七」。

「這就是百年商務，誰能不肅然起敬！」我心裡念叨著。我還感嘆，「作家」中有了胡適的名字，「員工」中沒有陳雲的名字；然而，我更大的感嘆是：「員工中還是刪去了他的名字，圖書中還是沒有將它們列上去。」

「他」是誰？王雲五。

「它們」是什麼？《萬有文庫》。

有趣的是，恰逢此時，剛剛出版的《奇人王雲五》（金炳亮著），卻也不約而至地來到我的面前。此書是「廣東歷史文化名人叢書」之一，看到書名，「奇人」一詞聽起來有些俗氣，它的含義似乎也褒貶不清。其實如此定義王雲五，也不是作者的創造。早在一九九九年，金耀基曾寫過一篇懷念他的老師王雲五的文章《壯遊的故事》，文章的副題正是「懷念一代奇人王雲五先生」。他寫道：「王先生自十四歲做小學徒起，就一直沒有停止過工作，一生做了別人三輩子的事。他在中國二十世紀的大舞台上，扮演了各種不同的角色，大出版家、教授、民意代表、社會賢達、內閣副總理、文化基金會董事長、總統府資政……」

且住，問題正是出在這「不同的角色」上。如果以現代史為背景，金耀基為王雲五羅列的角色：「出版家」舉世公認；「教授」也有事實存證；至於其他，就讓王先生落入政治評判的泥坑。在《奇人王雲五》中，作者用「六章」的篇幅概述王雲五的一生，前四章講的是王先生的文化出版生活，文字洋洋灑灑，敘述輕鬆自如；第六章講的是王先生的晚年生活，尤其是他對於出版的身心歸一。縱覽這「六分之五」的文字，內容是準確、客觀的；思想的闡釋，也不受政治的禁忌，讓人可以窺見地區性文化氛圍的先進；再輔以作者流暢的敘述，以及他出版人的身分，更使此書表現出極為重要的文化價值和可讀性。其實在此之前我一直認為，內地關於王雲五的著作，即以王建輝《文化的商務——王雲五專題研究》（商務印書館）為最好、最全、最客觀之著作了。但它畢竟是建輝兄的博士論文，很有業內「教科書」的特徵。而金炳亮的這部書，也確定了自己的定位：對大眾，它是一個動聽的故事；對編輯，它是一些極有價值的出版理念和商業案例；對學者，它同樣堅持了敘述的準確性，以及作者本人明瞭的文化判斷。

但是，在《奇人王雲五》的「第五章」中，我們看到了作者另一個明確的「判斷」：即對王雲五的人生判斷，還有對中國現代史的政治判斷。這一章的題目是「錯位從政」，何出此言呢？你可以理解為：王先生是一位出版奇才，從政是他人生的一個錯誤選擇；你也可以理解為：在政治風雲的驚濤駭浪中，王先生站錯了隊，錯誤地選擇了國民黨反動派。抗戰時期，他攻擊過毛澤東、董必武等共產黨人；後來他不肯與黃炎培、章伯鈞一同前往延安，為「國共合作」出力，還說：「當時不便反對……以共黨擅長欺詐，一經前往，難免不被作為宣傳之對象。」就這樣，王雲五始終追隨蔣介石，直到八十歲時，蔣還到他的寓所為他祝壽，送上「弘文益壽」的壽屏。

讀罷《奇人王雲五》，我產生一種感覺，就覺得有人難為了金炳亮先生的文字。是誰難為了他呢？不是別人，正是王雲五本人。其實何止金炳亮，王先生還難為了歷史，難為了文化，難為了幾代人的筆觸！茅盾說：「他是官僚與市儈的混合物」；胡愈之說：「他既沒有學問，而且政治上也是一個很壞的人」；周恩來說：「他的四角號碼字典為什麼不能用？不要因人廢事」；陳原說：「說到商務，我們不能只知道王雲五，不知道更重要的張元濟」；沈昌文說：「學了張元濟，再學王雲五，才是正途；只學王雲五，不學張元濟，也許會走歪」；唐振常說：「不能因為王做過國民黨的大官而迴避他在商務的工作，此人在出版事業上確有人不可及之處」；徐遲說：「今天我們多麼需要像王雲五那樣的出版家！」金耀基說：「他是一個符號象徵，象徵了一個貧苦無依的人的奮鬥成功的故事……成為博士之父，成為內閣副總理，成為世界的大出版家。」你看，王雲五多像一面魔鏡，默默地反射著人們的觀點、思想、立場和風格。

在眾多的議論中，我最喜歡的評價來自上世紀三十年代美國《紐約時報》，文章的標題是：「為苦難的中國，提供書本，而非子彈」。

此時，我的心中也翻滾著思想的波濤。我想到王雲五關於《萬有文庫》建設的偉大理想；我聽到他在民族危難之際喊出的「為國難而犧牲，為文化而奮鬥」的口號；我看到他為了阻止軍警進廠捕人，竟當眾下跪求情。但是，我也想到關於王雲五政治立場的爭論；我也聽到老商務的人說，他們稱夏瑞芳為夏老闆，稱張元濟為菊老，稱王雲五則直呼其名；我也看到關於王雲五「私德」的記載，諸如以「王雲五」名義出版的「辭書系列」的個人收入豐厚的帳單。我更思想著：翻看這一段歷史，為什麼提到王雲五，人們就爭論不休；拋棄王雲五，歷史就發生斷裂呢？

清晨，我步入出版大廈，看到那四座雕像：左面是孔子、畢昇，右面是張元濟、鄒韜奮。從前因為熟悉而有些無視；今天卻格外認真地看了幾眼，腦海中浮現出「王先生矮矮胖胖像個大冬瓜」（董橋語）的形象。

其實，王雲五先生是難為了別人，但他自己並不為難。他稱得上是「生於憂患，死於安樂」。今天，我卻還捧著金先生的書，不時為自己追隨王雲五的舉動，露出一點難為情的微笑；一不小心，還會被書中的故事弄下幾滴清淚！

寫於二〇〇六年

陳原：我們的精神領袖

記得在十多年前，我還在遼寧教育出版社工作；那時我們出版社以編教材為主，所以很有錢。為了提高出版社的聲望，我們請來了沈昌文先生等著名出版人，幫助選書、編書；在較短的時間裡，推出了「書趣文叢」、「牛津精選」等許多頗有影響的圖書。有了這樣的成績，我的內心中自然對沈昌文先生敬重有加。有一次我說：「沈先生，您是我們這一代出版人的導師！」聞此言，一貫悠然無忌的沈先生突然有些正色地說：「不，我只是導師的秘書。有機會我們應該去拜會一下陳原先生。」

第一次見到陳原先生也有些偶然。那天好像是我們為了慶祝第一輯「書趣文叢」編輯成功，「脈望編輯部」的幾位同仁在北京的馬克西姆餐廳二樓小聚。不知是誰通報：「陳原先生也在樓下用餐。」沈先生立即站起來說：「你們都不要動，我帶曉群去見一下就可以了。」我記得，一樓餐廳的散座，彌漫著法蘭西的情調；恬淡的燈光，夾雜著幾點午後斜陽的亮斑。當時我很緊張，記不得陳原老的相貌，記不得彼此說了些什麼；哦，我大概什麼也沒說，只是握手致意，便退了下來。事後沈先生解釋：「陳原老是一個極好安靜的人，近些年他更是約定，聚會最好不要超過三人。」我記住了這一點，同時在與陳先生的交往中，每當人數超過三人時，我的印象就格外深刻。

第一次超過三人的聚會也是在一家西餐廳，我們是請陳原先生出任「新世紀萬有文庫」總顧問。他原本是不肯接受這個差事的，雖然他曾經是商務印書館的老總，雖然當年的老「萬有文庫」與商務有著那麼多血肉聯繫。但是，有兩件事打動了陳原先生。一是沈昌文先生向他介紹說：「這是新一代出版人希望為現時代做一點文化積累，這也正是您一直期盼的事情。」二是他問我還做了些什麼？我說：有牛津、劍橋的學術著作，還有國家地理的《百年攝影經典》、探索頻道的《海底王宮》、BBC的《地球故事》，等等。聽到這些，陳原先生一下子激動起來，他對他的助手柳鳳運女士說：「聽到了嗎？不得了，不得了。」我知道，他的激動是出於對這些書的深愛！我也知道，他是多麼希望能有更多的人熱中於人類文化的傳承！所以，他接著問我：「為什麼這樣做？」我說：「希望走商務印書館的路。」這時，陳原先生的情緒已經冷靜下來，他說：「走商務的路，至少需要二十年的努力。」

我們與陳原先生再一次多人的聚會，是為了祝賀他的三卷本《陳原語言學論著》出版。席間，陳原先生突然對我說：「曉群，你那篇文章《在高高的桅杆下》寫得很好。尤其是你提出的出版『無序說』很有意思。」聞此言，我不由得惶恐起來。要知道，那時陳原老已經八十多歲了；而我寫的只是一篇千把字的小文章，竟然也沒有躲過他的目光。更何況我的那個所謂「無序說」，完全是在追隨老一代出版人的理念，主張出版要強調個性與多樣性，不要跟風，不要一味地主流化；其中許多想法，恰恰是在陳原先生的文章中讀出來的。於是，我說出了自己的思想根源，還希望能夠出版他的文章《總編輯斷想》的單行本。此時，陳原先生又激動起來，他滔滔不絕地講述著自己的出版理念，他對於我們這些後來人的期望之情溢於言表。最後合影留念時，他還在我的耳邊開玩笑說：「出版人要是能克隆（編按，為複製之意）該多好。」

多年從事出版工作，你可能覺得自己的能力已經遊刃有餘了。但是，只要與陳原先生接觸，你就會產生面向大海的感覺，無論深遠，都讓人頓生悵然而不及的慚愧！學識就不用說了，陳萬雄先生說他是「中國近代文化啟蒙的殿軍」。這個「殿軍」用得好！五四以來，中國文化啟蒙運動的仁人志士前仆後繼，降任於陳原，真的就戛然而止了麼？唉，這些大事情我們想不明白。我的心中依然深記著陳原先生的一些小事，比如，他指出我們信件中的用詞不當；他告訴我們，在遴選西方學術著作時，應當重視牛津大學出版社的圖書；當我們出版《雜記趙家》遇到版權麻煩時，他教我們如何登門拜訪，如何致歉，如何瞭解受訪者的專業愛好，送上他們喜愛的書。他說，文化出版最講「傳承」二字，它是一種模式，更是一種格調、一種風度，它是我們這些「書迷」共同的樂園！

二〇〇四年十月廿六日早晨八點多，沈昌文先生發來郵件：「陳原老今晨五時不幸謝世。」一時間哀悼與紀念的聲浪不絕於耳。我們的痛惜之情自不用說了，好在陳原先生的理念已經植入我們的心田，好在我們的頭腦中充滿了「精神永存」的信念。你看，沈昌文先生參加陳原先生的追悼會回來，逢人卻說：「我剛剛參加了陳老總的一次聚會。」有人問：「你看到陳原先生的面色很好嗎？」沈先生說：「我看大家的面色都很好啊！」

寫於二〇〇五年

執君之手，在清風白水間漫步

我常想，作為一個出版人，在你生活的城市裡，有像王充閭先生這樣的一些大文人，是一件極大的幸事。我這樣說，是因為幾段往事一直縈繞在我的心頭。

那是在一九九五年歲末的京城，我與出版界的幾位名流聚談，其中有陳原、沈昌文、吳彬、揚之水。他們希望能在瀋陽辦一個雜誌，名曰《萬象》。我問：「《萬象》是什麼？我不懂。」沈先生說：「遼寧的王充閭一定懂，你可以試一試。」後來證明，充閭先生果然知道《萬象》的文化背景，那是上世紀三十年代上海很有名氣的雜誌，孕育了張愛玲、傅雷、柯靈、鄭逸梅等許多文學大家；所以他不但支持新時期的《萬象》在瀋陽創刊，還同意與柯靈、李歐梵、陳原共同出任雜誌的顧問。如此「文化移植」的舉動，在中國文化界引起不小的震動。我至今還時常感嘆，有這樣的結果，真是遼寧的幸事。

還是在這段時間，我們正在組織「書趣文叢」的出版。這套書網羅了國內外許多名家，有費孝通、胡繩、饒宗頤、龔育之、施蟄存、黃裳、董橋、金性堯、葛兆光、陳平原、李零等。叢書的總策劃脈望先生提議，希望收入一本王充閭的作品。當時，我知道充閭先生的文學作品名滿天下，從《清風白水》到《春寬夢窄》，還剛剛獲得首屆「魯迅文學獎」。以往遼寧教育出版社偏重教育與學術出版，沾不上文學作品的邊兒。這次有了脈望的建議，我當然求之不得。充閭先生也欣然同意，將他的《面對歷史的蒼茫》放入「書趣文叢」之中，他也是叢書的六十多位作者中，唯一一位身在遼寧的作者。有這樣的幸事，我自然又會感慨一番。

到了世紀之交，我們組織了一套精美的小書「茗邊老話」，小開本精裝，每本三萬字。作者有張中行、資中筠、鄧雲鄉、吳小如、唐振常、金克木、白化文、葉秀山等。這一次我也想到了王充閭，問他是否有這樣的「閑情閑文」。二〇〇一年底，充閭先生交上了《碗花糕》書稿，那是一組回憶早年生活的文字，其文風清純質樸，與他一貫的抒情散文、大文化散文截然不同。我不知道是不是這一次組稿影響了充閭先生的思想走向，讓他的散文創作添上一枝旁生的花蕾。評論家們有了新鮮的驚艷之感，也有了新的分析噱頭；我卻由「高山仰止」第一次轉為近觀充閭先生，讀《碗花糕》，讀《母親的心思》，讀《小好》，我的眼淚紛紛飄落。太真的情感，太善的情操，太美的文字，「好啊！」我還能說什麼？

從《碗花糕》入手，我開始認真地審視充閭先生的創作思路，直至「王充閭作品系列」七卷本擺在我的案頭上，我的腦海中終於清晰了一位大作家的文化影像。我知道，充閭先生最看重自己「大文化散文」的創作，那裡包含了他對政治人生的深刻認識。一個個故事，一個個人物，都變換著同一個模式：悲劇，悲劇，悲劇。無論是謹小慎微的曾國藩還是我行我素的李鴻章，他都無情地揭露他們內心的齷齪與無恥，落筆近乎尖刻；詩意的李白也沒能逃過他筆鋒的剖分，出世與入世的磋磨，擠壓出無限的落寞與孤獨，由此引出「文人從政，必遭罹難」的悖論；面對張學良，他有些筆軟，不斷地闡釋著「英雄」的定義，用以掩飾內心對於世俗的厭惡，「英雄無奈是多情」也罷，「英雄大抵是癡人」也罷，「英雄回首即神仙」也罷，都表現出他對張學良人生遭逢的「理解之同情」，落腳點依然是「世事無常、英雄多舛」的必然宿命。

讀到這裡，當你大呼「深刻」的時候，充閭先生的筆觸又向靈魂的深處落刀。他說，悲劇是必然的，但悲劇中依然有可愛、可敬、可親的人物，像香妃，她遍體透著幽幽的清香，伴著她特立獨行的個性，美艷絕倫；像納蘭性德，他的真情與真愛滲入絕世的詩篇，化成貫通今古的華章。還有李賀，他的人生也是淒苦的，但他不同於那些戰戰兢兢、甘為鷹犬、泯滅個性的為官之徒。李賀作詩，母親說：「是兒要嘔出心乃已耳」。充閭先生讚道：「但這種苦吟，常常含蘊著無窮的樂趣。」注意，這一句貌似平淡的話，恰恰流露出他人生的價值取向。進一步的思想昇華見於他的《寂寞濠梁》，人生的最高境界不是孔子、老子、惠施，而是「獨與天地精神往來」的莊周。至此，充閭先生的悲劇人生觀得到了清晰的詮釋，他同時也給出了逃避世俗的「避難所」。不，不是避難，而是超越。個性與自由，讓充閭先生的精神境界插上理想主義的翅膀，翩然落腳於現實主義的筆端，在那裡，層層疊疊的薔薇花繞滿蜿蜒的矮牆，花影間嬌鶯自在，戲蝶流連，遠山青青，近水悠悠……

讀到這裡，你可能還會用「深刻」一詞描述自己的閱讀感受。其實除了深刻的思想性，充閭先生的文章還在不斷地探索著白話文寫作的沿革與突破。在這一層意義上，我在敬重充閭先生「大文化散文」的同時，更喜歡他以遊記為主的「抒情散文」。那一段段生花妙筆，給人以獨步天涯的感覺；一顆顆漢字的疊拼，疑似天人的繡手點破魔方的規則。最讓我感動的是充閭先生對於一種文體的傳承。我們這些成長於「英雄時代」的人，看膩了俗世的血雨腥風。記得讀小學時，我們班上轉來一位上海的小姑娘。那天早晨，陽光透過高高的白楊樹，在教室內映下搖曳的疏影。老師把小姑娘叫到講台上，問她會背什麼文章？她穿著美麗的布拉吉（編按，布拉吉為連身裙之意，從俄文Platie而來），羞答答的，輕輕地背誦起楊朔的《荔枝蜜》。讀充閭，我的眼前總會浮現出那悠遠的一幕，那景色真美。長大了，學過哲學之後，我定義：這是中國式的人文之美。

見到優秀的人物，你希望見賢思齊。但充閭先生是學不得的。他有這樣的條件，八年的私塾教育與完好的現代教育，天然地鍛鑄了他優質的才思；勤奮與執著，又為他的文學理想鋪墊了升騰的階梯。記得有一次，充閭與《讀書》主編沈昌文吃飯，事後沈先生幽默地說：「王充閭的功底真好，舉杯一唐詩，落杯一宋詞。如今，這樣的文人已經不多見了。」

還有一次，我們在德國法蘭克福參加書展。充閭先生作為貝塔斯曼邀請的知名作家，在會上簽約他的英文版著作《鄉夢》。還有蘇叔陽先生，他參加《中國讀本》德文版的發布會。那一天我們的活動大獲成功，又趕上是中國的農曆八月十五，晚上，我們在一家中餐館聚餐。席間，蘇先生興起，要為大家朗誦蘇東坡的詞水調歌頭《明月幾時有》。我們知道，蘇先生曾在央視等許多晚會上朗誦，他的表演絕對是一流的。果然他一開口技驚四座，全酒店的人都站起來為他鼓掌，連廚房的大師傅都跑了出來，請他再朗誦一遍。這時蘇先生說：「朗讀古詩詞，不單是表演，關鍵是要把古音讀準。記得有一次我指導一個朗誦晚會，為那些主持人、演員指正讀音，他們錯誤連篇，讓我說得都張不開嘴了。今天不同，有充閭先生在，他懂。他是當今中國作家中，少有的幾位有大學問的人。」再朗誦時，蘇先生每讀一句，請充閭講解一句，如珠聯璧合，那情景讓我至今難忘。

說到充閭先生的英文著作《鄉夢》，他的英文譯者羅伯特是倫敦人，在香港大學任中英文翻譯的教授。他對充閭的文字極為讚揚，他說其中的許多文章，讓他想到西方的梭羅和《瓦爾登湖》。他還說，王先生的文章太美了，他經常不敢輕易地落下譯筆。文中涉及到的古文化、古文字也太多，所以翻譯過程也成了他的學習過程。由此，我也想到一件事情。前些天，充閭先生題贈我一本他的新著《王充閭散文》，人民文學出版社出版，是「中華散文插圖珍藏版」之一種。那套書印得非常精美，收入的作家有魯迅、朱自清、林語堂、冰心、巴金、汪曾祺、季羨林、余秋雨等。我愛不釋手，反覆翻讀，竟然發現，我這樣一個整天擺弄文字的人，其中有許多字（不包括引古文）都不認識，比如：媵，牖，篋，醵，畋，獫狁，荼，廛，瘞。由此，我理解了何謂「學無止境」，何謂「學不得」。

讀充閭，我還會感嘆，在這樣一個變革的時代裡，許多類型的人文景觀消失了。比如，李慎之說，自己是「最後的士大夫」；陳萬雄說，陳原是「現代中國文化啟蒙的殿軍」；李敬澤說，報告文學「在遺忘中老去並枯竭」；孟繁華說，王充閭作品是「散文困境中的一座豐碑」。

我們說，王充閭是一個充滿批判精神的智者，他向我們展示了歷史、文化、社會與人性的糾葛。他延伸了魯迅的尖銳，擯棄了郭沫若的圓滑，擴充了黃裳的視角，輝映了余秋雨的底蘊。他在黃仁宇大歷史觀的縱橫捭闔中，挽出新的思考線索；在王蒙的商業化、通俗化吶喊中，擎起一面傳統與傳承的文化旗幟。我們這樣說，只是給出了一個時代的文化參數。在整體性與多樣性的主題下，充閭先生的心思，似乎更在於「執君之手，在清風白水間漫步」。

寫於二〇〇七年

趙啟正：用文化解讀「外國人」

這些天，我們幾個參與編輯趙啟正先生的新著《面對外國人——跨文化交往的一百個話題》的人，一直都處於興奮的狀態之中。從今年元旦起步，我們就為這樣一個主題的寫作，與啟正先生緊緊地「鉤連」起來。十餘次討論會，百餘封電子郵件，千餘條修改稿，數萬言洋洋灑灑的文字，由零零落落到條分縷析，我們的思想也跟隨著啟正先生的腳步，經歷了一次從混沌到清晰、從淺知到深邃的變化。

現在，書稿完成了，一百個題目以「講故事」的形式展現在我們面前。那些故事真好聽，凡是讀到稿件的人都會感嘆不已，都會不由自主地用到同一個詞彙：見多識廣。確實，《面對外國人》只是一部不到十萬字的小作品，但它的寫作背景實在太豐厚了。

論著作，啟正先生已經出版的《向世界說明中國》兩大卷近七十萬字，生動地記載著他外事工作的經歷和理念；他的另一部著作《江邊對話——一位無神論者和一位基督徒的友好交流》，更像是一位蘇格拉底式的大學者在潛心思辨，坐而論道。

論閱歷，時代把啟正先生推到了我國對外開放的「核心地帶」，從上海市副市長、上海浦東新區管委會主任到國務院新聞辦主任，他接觸了太多的外國人。在浦東工作期間，他一天曾會見過十三批外國訪問團；僅接見日本人，就達到三千五百多人次。他曾經出訪過五十多個國家，見過許許多多的國家元首和國際名人：布希，席哈克，季辛吉，默多克，西蒙•裴瑞斯，阿拉法特，巴爾舍夫斯基，克萊斯蒂爾，路易•帕羅，等等。他接觸過的國際大企業、大財團、大媒體等更是多不勝數。用這樣長期豐富的「親身體驗」，來填充《面對外國人》那一百多個小故事，實在是綽綽有餘。

論學識，正是啟正先生更大的「創作魅力」所在。凡是接觸過啟正先生的人都會發現，他有著極好的讀書習慣和方法。他說這來自於早年父親的教誨，父親曾對他說，每天比別人多讀一小時的書，十年後你就可以成為別人的老師了。他的母親也是一位優秀的教師和詩人，經常發表中英文詩作，像「甘露寺前花徑幽，我輩登臨北固樓。試劍石開今尚在，望江亭下江自流」。讀起來古風猶在，卻不見點滴粉脂氣。聯想到啟正先生學識淵博、應對機敏、引經據典、出口成章等讚譽之詞，就有了文化承繼的根據。前些天，啟正先生把《面對外國人》的初稿傳給遠在美國的弟弟趙啟光，啟光先生讚道：「極高明而道中庸，心有江海而口談溪流。」真是一奶同胞，一句話就點破了一位大才之人的玄機。

再論學識，啟正先生自身的知識結構更為獨特：一個核物理專家，一個擁有三項發明專利的科學家，一個具有極好的自然辯證法暨科學哲學基礎的思想家。真實的知識背景，結合前端的文化底蘊，使他的「從政思維」明顯地不同於一般官員，更不同於一般意義上的所謂「技術官僚」。

於是，我們有了《面對外國人》，有了一百個精彩的故事。美國宗教領袖路易•帕羅說：「無神論者的內心是很孤獨的」。啟正先生立即引用莊子與惠施「濠梁之辯」中的名言：「子非魚，焉知魚之樂？」予以優雅地反駁。帕羅又談道有神論者的「終極關懷」問題。啟正答道，那麼孔子應該是無神論者了，因為他說：「不知生，焉知死。」最精彩的「案例」見於一段關於科學精神與宗教精神的「和諧論爭」，帕羅談到科學家在探索真理的過程中，爬上第一座山找不到人生的終極答案；又爬上第二座山，還找不到；當他們爬上第三座山時，發現神學家們正在山上望著他們微笑。啟正先生答道：「不，第三座山也不是科學研究的盡頭，科學家對於絕對真理的追求是無止境的。」帕羅說：「你再往前走，還會看到神學家的微笑；即使你到了火星，神學家已經到了更高的天堂。」啟正說：「實際上，科學家與神學家各有一座山。他們必須友好相處，彼此打招呼。」聞此言，帕羅點頭稱是。這是一段多好的故事！

啟正先生的故事始終貫穿著一個主題，那就是文化。而文化只有差異，沒有高低、對錯之分，這是我們走出去、與外國人打交道的重要基礎。你知道，在季辛吉初次來到中國的時候，是什麼打動了他的心？是「中國人的微笑」。他說：「這是一個善良、純樸、和平的民族。」「你看，街上的人臉上都洋溢著佛一樣的微笑。」你知道，啟正先生是用什麼故事打動了季辛吉？有一次，他和季辛吉討論幽默的民族性，啟正先生說：「英國幽默像紅葡萄酒，喝過之後還有一會兒餘韻；美國幽默像可樂，一笑即逝，但也像可樂一樣隨處可得；德國幽默像威士忌，不是人人能品其味的，可一旦悟出，餘味雋永。」

當然，不良的習慣與傳統是要批評和剔除的。取長補短、懲惡揚善、消除溝通的障礙，都在啟正先生的故事中幽默、和諧、中庸地表述出來。他批評國罵「ＴＭＤ」，說它恰好與「戰區導彈防禦系統」的英文縮寫ＴＭＤ吻合了，堪稱「髒彈」。他告誡中國的美女們，當外國人誇你漂亮時，你一定不要說「哪裡哪裡」，否則老外會很認真地說你的鼻子或嘴長得漂亮。與外國人交談時要慎用古詩文，不要用縮略語、歇後語，比如「外甥點燈——照舅（舊）」，外國人就會問：「我們的事情與舅舅有什麼關係？」

在啟正先生的風趣與幽默之中，文化差異得到溫和、細微的分析與調理。但有時也會不同。

當一位日本人說，他們認為人死即成神，不追究生前做什麼，所以對於參拜靖國神社問題，中國是否能從文化角度予以理解。啟正先生答道，中日兩國在文化上確有差異。我國只會把諸葛亮、關羽一類的偉人和英雄稱為神，不能對所有人一概而論。岳飛墓內有一副對聯說得好：「青山有幸埋忠骨；白鐵無辜鑄佞臣」。審稿時，我在這段故事下注道：「致敬！一條硬漢子」。

書稿編完了，我們都感到意猶未盡。不要緊，啟正先生的談興正濃。前些天，我們不是在北京與陳平原先生共同討論《中國人》的寫作嗎？前些天，我們不是共同來到上海瑞金醫院，拜見病中的王元化先生，確定王先生與啟正先生共同主編《認識中國》嗎？前些天，我們不是還討論，如何讓美國人璦秉宏夫婦的著作《如何與中國人打交道》與啟正先生的《面對外國人》雙劍合璧嗎？

我知道，當年啟正先生有「浦東趙」、「論壇趙」的美譽。現在呢？「外宣趙」？不，啟正先生不喜歡外國人對「外宣」一詞的曲解，他更喜歡用文化說明中國。

寫於二〇〇七年

讓遊子的孤魂，牽著親人的衣襟歸來

一九八二年，黃仁宇的《萬曆十五年》在中華書局出版。那時我剛從數學系畢業，分配到出版社工作，聽到同事們對這本書議論紛紛；尤其是那些剛從文史哲專業畢業的大學生，每當談到黃仁宇，都會露出興奮的表情，且以閱讀《萬曆十五年》為時尚。當時，由於專業的阻隔和閱讀興趣的差異，我卻半點也聽不進去。只是在幾年後，我參加三聯書店「中華文庫」的寫作，我的題目是《數術探秘》，責任編輯叫潘振平。在交代叢書寫作體例時，潘對我說：「雖然這套書是學術著作，但它要以講故事的方式寫作，強調文字的優美、完整和可讀性。把引文與注釋都放到每章的末尾，參考書目放到全書後，保證著作的學術價值。」他接著說：「你可以看一看《萬曆十五年》。」按照他的建議，我只是翻看了黃著的敘事風格和編排形式，在自己的寫作中效仿；依然沒有認真閱讀它的內容。一九九二年，我的《數術探秘》交稿。有一次與潘振平聊天，他送給我一本《赫遜河畔談中國歷史》，這是黃仁宇的另一部著作。後來我發現，黃的《中國大歷史》、《資本主義與二十一世紀》等八部書陸續在三聯出籠，包括《萬曆十五年》也從中華書局轉到三聯的名下，它們的責任編輯都是潘振平。

如今，黃仁宇的著作已經紅透了半邊天。他的書一而再、再而三地重印，直到他的回憶錄《黃河青山》出版，黃的名字已經跳出了專業圈子，成為大眾泛讀的標的。為什麼會這樣呢？有人說，《萬曆十五年》的成功緣於黃仁宇扎實的明史功底，他花費五年作《明代的漕運》，並由此獲密西根大學博士學位；他花費七年讀一百三十三冊《明實錄》及相關資料，作《十六世紀明代中國之財政與稅收》；他的《萬曆十五年》共二百八十一頁，其中參考書目一百三十四種，注釋五百五十五條，再加上附錄，共佔掉六十五個頁碼，幾乎是全書篇幅的四分之一。在這樣的學術基礎上，再運用他優美的文筆講述明代的故事，實在遊刃有餘。也有人說，黃仁宇的文筆真是絕好，他的《萬曆十五年》將「往事與現實糾結在一起，儘管它是一部嚴謹的學術作品，但卻具有卡夫卡小說《長城》那樣的超現實主義的夢幻色彩。」（美國文學家厄卜代克語）黃仁宇也曾以李尉昂為筆名，發表過兩部歷史小說《長沙白茉莉》、《汴京殘夢》，雖然他總會在故事中表現自己的歷史觀，但他絲絲入扣的描述才華還是表露無遺。更有人說，是黃仁宇獨到的寫作方法在後來的出版和暢銷中起了作用。下面的故事可以從反面證實這一點：在《萬曆十五年》英文版完成時，黃幾乎找不到出版者，原因之一竟是他獨闢蹊徑的創作風格惹了禍，使出版社迷失了對於作品屬性的判斷：學術出版社說它不是以學術論文的傳統寫成的，更像是一部歷史小說，「全書始於謠傳皇帝要舉行午朝大典最後卻查無此事，而以一位不隨俗流的文人在獄中自殺作結。」商業出版社卻告訴他：「注釋必須剔除，內容要重新編排，讓住在郊區的讀者能放鬆自己。」黃仁宇憤怒地說：「我聽得太多了。」的確，《萬曆十五年》太個性了，類似的寫作幾乎找不到，最多有史景遷的《天安門》，孔復禮的《叫魂》；但黃仁宇是中國人，或曰「美籍華人」，他豐富的文化背景與生活閱歷，還會為作品多添幾分「暢銷」的因素。

其實，《萬曆十五年》的走紅還有深層的原因，那就是黃仁宇所謂的「大歷史觀」在發揮作用。它實在是一個純粹的學術問題，數十年間在史學界掀起陣陣波瀾；但是它能在當下掀起大眾閱讀的狂潮，那就不得不佩服黃先生的才智與膽識了。讀他的書，在「淺閱讀」的層面上，我也常常激動不已。我好說黃先生是「三反分子」，其一是「反道德」，他認為中國失敗與落後的癥結正是「道德治國」；尤其是用道德代替技術與法律，那是很危險的事情。他認為，應當最大程度地將道德排除出歷史討論的範疇，在看待歷史時，應當考慮當事人能怎麼做，而不是應該怎麼做，道德評判並非史家的責任。其二是「反性善」，黃仁宇藉萬曆皇帝的「嘴」指出，人都一樣，一身而兼陰、陽兩重性。既有道德倫理的「陽」，就有私心貪欲的「陰」，這種「陰」也絕非人世間的力量所能加以消滅。其三是「反歷史」，黃仁宇既然有了「大歷史觀」的武器，就要評判以往的「小歷史」。他提倡在歷史的棋局上，應當從縱深去看問題，一匹馬被車吃掉，直接原因，或許是因為它被別住了腿；然而馬之所以被車吃掉，乃是從棋局開始雙方對弈之綜合結果。你不覺得這種「把一切事件的發生，均納入歷史的潮流」的作法，似乎帶著一些歷史決定論的痕跡嗎？

在「三反」的旗幟下，黃先生的故事表現得新鮮、生動而有煽動性，許多歷史人物、事件、是非，都在他的關照下現出了「事物的本質」。比如，大臣們犯了錯，皇帝罰沒他們的工資，是因為皇帝知道這些大臣都有黑道的「外快」，那點「俸銀」不算什麼。諍臣上書指責皇上的缺點，被說成是自私自利，即所為「訕君買直」，他們把正直當作商品，用誹謗訕議人君的方法做本錢，換取販賣正直的聲望。海瑞節儉的名聲遐邇皆知，可是一朝權在手，他宣布所轄境內的若干奢侈品要停止製造，包括特殊的紡織品、頭飾、紙張文具以及甜食；如果這還不足以說明海瑞的問題，那麼他這個大孝子竟然因為婆媳不和兩次休妻，第三任妻子也與一妾在同一天晚上不明不白地死去了。還有，張居正面上為人端正，實際貪贓枉法，死後不久即被宦官張誠及守舊官僚所攻訐，滿門查抄；申時行、戚繼光均遭罷免；李贄更是身陷囹圄，自殺而死。黃仁宇說：「這斷非個人的原因所得以解釋，而是當日的制度已至山窮水盡，上自天子，下至庶民，無不成為犧牲品而遭殃受禍。」且問，黃仁宇如此詳細地切割萬曆十五年（即公元一五八七年）的目的是什麼？他是要「將現代中國的底線往後移，事實上是移到鴉片戰爭前兩百五十三年。歷史顯示，當代中國所面對的問題，早在當時就已存在了。」

在後來的文章中，黃仁宇逐漸露出了「大歷史觀」的政治指向。他提出一個讓人震動的「潛水艇三明治」的比喻，他在《黃河青山》中寫道：「我們可以將中國形容成潛水艇三明治，上層是龐大而沒有分化的官僚制度，下層是巨大而沒有分化的農民。我們也可以說，中國的問題就像一個大型盒子或箱子，但沒有把手，所以無從下手。我們可以說，缺乏中間階層導致過去的中國無法在數字上進行管理。」當然，真正的揭秘見於他的《從大歷史的角度看蔣介石日記》，他說，蔣介石為中國搭建了一個高層建築的架構（相當於三明治上面那片麵包），毛澤東則重塑了中國的底層社會（相當於下面那片麵包），之後鄧小平則經過二十年的改革，在這兩者之間搭建了一個中間的管理階層（相當於那個大箱子的把手），從而為中國通往現代化的道路，鋪設了最後一座橋梁，這三者作用同等重要，不可忽視。

就這樣，黃仁宇從六十三歲時出版的《萬曆十五年》起步，一九八五年在台北版的《萬曆十五年》自序中第一次明確提出「大歷史觀」的概念，宣揚他的「大歷史觀」達二十年，直至二〇〇〇年一月八日病逝。記得一九九八年《萬象》雜誌創刊，我們也向黃仁宇組稿。在第二期

10550

台北市南京東路四段25號11樓

網路與書股份有限公司台灣分公司　收

廣告回信
台灣北區郵政管理局登記證
北台字第15343號

地址：

市　鄉／鎮　路　段　巷　弄　號　樓

縣　市／區　街

（請寫郵遞區號）

Net and Books 網路與書

讀者服務卡

謝謝您購買本書！

如果您願意收到網路與書最新書訊及特惠電子報：

- 請直接上網路與書網站 www.netandbooks.com 加入會員，免去郵寄的麻煩！
- 如果您不方便上網，請填寫下表，亦可不定期收到網路與書書訊及特價優惠！請郵寄或傳眞 +886-2-2545-2951。
- 如果您已是網路與書會員，除了變更會員資料外，即不需回函。
- 讀者服務專線：0800-322220；email: help@netandbooks.com

姓名：________________ **性別**：□男 □女

出生日期：____年____月____日 **聯絡電話**：________________

E-mail：________________

您所購買的書名：________________

從何處得知本書：1.□書店 2.□網路 3.□網路與書電子報 4.□報紙 5.□雜誌 6.□電視 7.□他人推薦 8.□廣播 9.□其他

您對本書的評價：

(請填代號 1.非常滿意 2.滿意 3.普通 4.不滿意 5.非常不滿意)

書名____ 內容____ 封面設計____ 版面編排____ 紙張質感____

對我們的建議：________________

上就刊載了黃先生的文章《上海，Shanghai，シンハフ》。一九九九年末收到黃先生的投稿《資本主義與負債經營》，文末注道：「一九九九年十一月寄自美國赫遜河畔」。文章與上述觀點一脈相承，只是拆開問題來說，事情講得更清楚。記得當時幾位編輯對黃的觀點有些拿不準，就請《讀書》原主編沈昌文先生把關，沈改過後寫道：「黃作甚佳，他基本上為我們大陸的事業叫好，只是語言與論據與時賢不同而已。對於這類不同，如果還容忍不了，以後大概沒法做事了。我改了一些。這種改法，是我在《讀書》上常用的。不過也許因此，讓有些人不大高興。這當然只是把『右派』的真面目掩蓋一下而已——照他們的說法。」

今天回憶起這段往事，我還有些傷感，因為收到稿件不久，黃先生就離開了人世，這會不會是他寄出的最後一篇文章呢？董橋在《萬象》上以《窗外一樹白茉莉》為題，深情地寫道：「是個週末，黃仁宇坐著夫人格爾開的車子到戲院看戲。汽車沿赫遜河畔兜轉之際，黃仁宇笑笑對格爾說：『老年人身上有那麼多病痛，最好是拋棄軀殼，離開塵世。』他們一到電影院，黃仁宇說身體不舒服，在進門的廳堂上一坐下來就暈倒了，叫救護車送到附近醫院急救救不回來，悄然去了。」幾個月後，他還未年老的妻子格爾竟也去了。

當然，更讓我傷感的是《萬曆十五年》出版前後，黃先生在海外的境遇。他先是一九七四年在劍橋大學出版社出版了他的第一部專著《十六世紀明代中國之財政與稅收》，此書僅賣了八百多本。一九七五年他寫了《中國並不神秘》，試圖從縱向上研究問題，結果三次審稿都未通過；黃說：「他為這部書稿舉行了三次葬禮」，埋葬它的人又是大漢學家亞瑟·萊特和費正清，此事對年近六十歲的黃仁宇的自信心產生了巨大的衝擊。一九七六年他又寫出《萬曆十五年》，在橫向上給出中國歷史的一個切片；但是，它的英文稿子也被英美出版商們推來推去，直至一九七八年，才由耶魯大學出版社接受，一九八一年出版。結果，他身為正教授，因多年沒有新著問世，被紐普茲大學辭退。孤獨，孤獨，孤獨……即使後來《萬曆十五年》在西方有了影響，黃先生依然沒有擺脫「獨在異鄉為異客」的心境。

一九七八年，落寞中的黃仁宇也把《萬曆十五年》譯成中文，投向國內，就像一個遊子在找尋精神的歸宿。經黃苗子引薦，稿子落到中華書局傅璇琮的手上；當時文革剛剛結束，幾經周轉，直到一九八二年才由沈玉成文字潤色，傅璇琮和魏連科、王瑞來編輯面世。結果，在海外四處碰壁的黃先生，終於在故鄉找到歸途中的溫馨。

此時，我想起前些天的一件事情。我的一位遠房表弟從鄉下來，他面上的膚色與舉止，讓我不由自主地想到魯迅筆下的閏土；他的腦中也有許多稀奇古怪的念頭。比如他說，客死他鄉的人是很可憐的。活著的時候很寂寞，死後他的魂魄還需要回到出生的故鄉，才能獲得安息。但靈魂是不認路的，生路已經忘記，死路又走不通。只有在家鄉的親人來拜謁他的時候，靈魂就會悄悄地牽著親人的衣襟返回故鄉。

聽著這故事，我想到清明節，想到滿天滿地潔白如雪的桃花、梨花、櫻花、杏花……掃墓的人們歸去來兮，春風吹著他們的衣襟不停地抖動。於是，我也想到黃仁宇先生。

寫於二〇〇七年

中算史研究中的「南錢北李」

《中國編輯》很有創意，他們讓我談一談「比生命更長的書」。對於一個愛書人而言，這是一個絕好的題目；只是涉獵面寬泛了一些。面對自己的書架，《辭源》、《辭海》、《說文》最讓我依戀，淡綠色的中華版《二十四史》最讓我敬重，低價購得的《道藏》最讓我驕傲，宋刻版《算經十書》最讓我喜愛，還有《柏拉圖全集》、《胡適全集》、《傅雷全集》、《朱自清全集》、《聞一多全集》、《十三經注疏》、《四庫全書總目》、《二十二子》等等，它們有些已經流芳千古，有些肯定會比我的生命更為長久。你說，我該從何談起呢？還是從出版人的角度下筆，或者再收縮些，僅談一談我親手編輯的書。

於是，我立即想到《李儼錢寶琮科學史全集》。這是一部關於中國科學史的學術巨著，共十冊。多年來，我一直把它列為出版生涯中，我親手編輯的最重要的著作之一；我也一直堅信，它肯定會成為傳世之作。為什麼？它當然是由這部著作的學術價值決定的。在這裡，我不想評價該書的相關內容，因為在學術界，它們的地位早有定論；而我更想述說的是，我為什麼會選擇出版這樣一部看似冷僻的著作，為什麼會對它傾注那麼大的熱情。回顧起來，大概出於四個方面的原因：

一是李約瑟，他的《中國科學技術史》的出版震動了世界，其中許多工作令我們中國人都感到自愧不如。曾幾何時，我國學術界甚至認為「國內沒有科學史專家，中國科學史研究在國外」。在那樣的風潮中，我自然也尊崇李約瑟，很認真地讀他的書。但是，在閱讀中我發現，李約瑟對一些中國學者十分看重，比如，在數學卷中，李約瑟提到了現當代幾位重要的東亞數學史專家，有史密斯、三上義夫、尤斯凱維奇、藪內清等，接著他寫道：「在中國數學史家中，李儼和錢寶琮是特別突出的。錢寶琮的著作雖然比李儼少，但質量旗鼓相當。」實言之，李約瑟對於李錢二老的評價，以及他在著作中對於李錢學術成果的大量引用，正是我最初決心編輯這部書稿的起因。

二是現代中國數學史學科的創立，也是以二老的這些著作為奠基的，所以，中國科學史研究領域，素有「南錢北李」的美譽。請聽吳文俊的評價：「李儼、錢寶琮二老在廢墟上發掘殘卷，並將傳統內容詳作評介，使有志者有書可讀，有跡可尋……使傳統數學在西算的狂風巨浪衝擊之下不致從此沉淪無蹤，二老之功不在王（錫闡）、梅（文鼎）二先算之下。」在這套全集的編纂過程中，主編郭書春、劉鈍二位教授都表現出了極大的熱情和莊重的態度，交稿時郭先生對我說：「我累壞了，出門就摔倒了。可是李錢二老堪稱我國科學史研究的祖師爺，他們的著作得以整理出版，是我們多年的願望，就是累死也值得！」

三是李儼、錢寶琮大量科學史文章的重要性。其實只要你涉足中國古代科學史領域，都會千方百計地去尋找李錢二老散在的著作；回想那些年，我在工作與讀書生活中，也為搜尋他們的資料吃了不少苦頭。即使李約瑟也說道：對於中國古代數學史資料的整理，「要不是像李儼那樣費了大量的時間和精力進行搜集的話，都是不易獲得的。」所以，全集出版之後，第二年就榮獲國家圖書獎，學術界更是好評如潮。江曉原博士就在一篇文章中寫道：「出版《李儼錢寶琮全集》，此書卷帙浩繁，凡十巨冊，為科學史方面重要史料。科學史界咸稱頌之，以為功德無量。我可以提供一個具體例證，我有一套此書置科學史系辦公室，至今本系博士、碩士研究生頻繁借閱不絕，如此嘉惠後學，誠令人感念不已。」

四是緣於我的出身。我在大學是學數學的，後來又做了五年數學編輯。追究起來，當年讀數學系，倒不是出於我的熱愛或天賦，而是文革後對於「政治運動」的一種恐懼感，毛主席曾經說：「大學還是要辦的，我這裡主要說的是理工科大學還要辦，……」現在文革結束了，可主席還說過「七八年又來一次」，誰還敢念文科呢？父親也對我說：「在蘇聯，許多老布爾什維克的子弟都學理工科，不再搞政治，做了科學家。你也該走這一條路。」正是在這樣的背景下，我報考了理科，最後被數學系錄取，心裡卻依然喜歡文史哲；畢業後將專業與愛好一結合，就搞上了數學史。在那段時間裡，我編輯了許多數學史的相關著作，像《數學歷史典故》、《世界數學通史》、《世界數學命題欣賞》、《九章算術彙校本》、「新世紀科學史系列」等；還結識了許多數學家，像王梓坤、吳文俊、陳景潤、徐利治、梁宗巨等。這些經歷，正是我後來組織出版李錢著作的思想基礎。尤其是當我跳出理科的圈子，在出版界越玩兒越瘋的時候，經常有我的數學老師和同學指責我「不務正業」；我就列舉《李儼錢寶琮科學史全集》反擊他們：「這可是傳世之作啊，還不算正業麼？」其實我時常想，大學專業教育對於一個人一生的影響真是太大了，我願意將我親手編輯的這部巨著，獻給我數學系的師友；也算是在我浪跡人生的路途上，留一點「思鄉」的根髓！

最後，編輯此書，我還產生一點感悟。那就是今日之學人，文理學識的隔絕愈來愈嚴重，知識的阻斷又帶來了人與人之間的陌生。記得一九九〇年我在編輯「國學叢書」時，特約編輯有葛兆光、王炎、馮統一，他們對於社會科學方面的專家學者熟得不得了，請出張岱年、金克木、王世襄等一大批大學者做編委；但是說到國學中自然科學方面的專家，就只能點數出李儼、錢寶琮、嚴敦杰，再往下就不知道了。他們說：「請嚴敦杰做編委如何？」嚴敦杰也是李約瑟提到的一位科學史專家，但是那時嚴老已在兩年前過世；後來，我提名請出杜石然。在選定作者時，杜先生推薦了劉鈍、廖育群；葛兆光卻知道天文學史博士江曉原，他說：「江曉原不但在科學史方面造詣頗深，他對於中國古代性學的研究也很有見地。這種橫跨文理兩界的學者最難得！」應當看到：在社會文化的整體結構中，「知道」是一個很重要的概念，它往往是一種認同，一種接受，一種文化價值的肯定！美國科學史家道本先生就曾經說過：「我們做學問的目的不是為了孤芳自賞，或者作為吃飯的手段，起碼要讓社會知道你在做什麼！」比如，有一次我與李慎之先生吃飯，他聽說我是學數學的，就問道：「你知道李儼嗎？他的成就足以在現代學術史上大書一筆！」作為一個搞科學史的人，能夠得到李慎之如此之高的評價，足見李儼超越所謂學術藩籬的「文化分量」！

無論如何，在我的心底，文化是一個整體的概念，我對它懷有一種斯賓諾莎式的宗教崇拜！我堅信，不管人類社會怎樣千變萬化，文化的傳承都是恒久不變的；那一縷濃郁的書香，也恒久不變！

寫於二〇〇六年

夢魘中奮起的那一代學者

剛剛從《新京報》上讀到一段消息，其中寫道：

近日，中法對照版《九章算術》由法國dunod出版社出版。這是《九章算術》首次出版中法對照本，該書厚一千一百五十頁，售價高達一百五十美元。……該計劃由中國科學院與法國國家科研中心協同合作，具體工作由中國科學院自然科學史研究所郭書春研究員和法方代表林力娜博士完成。

讀罷，讓我的情緒激動了好一陣子。因為作為一個出版人，作為我多年與郭書春先生合作的經歷，這件事情我實在是再熟悉不過了；它把我的思緒一下子拉到二十多年前。那時我剛做出版工作不久，被安排編輯梁宗巨教授的《世界數學通史》。在我結識的作者中，可以不誇張地說，梁先生治學精神的嚴謹是絕無僅有的，甚至有些偏執。例如，他不允許自己的書稿中有一個錯字，每一個字的筆畫都不許缺少；一旦寫錯了字，他都會用刀片刮掉重寫，絕不塗抹。所以請梁先生推薦作者很難，幾乎沒有人能達到他的要求。不過有一天，梁先生卻對我說：「我向你們推薦一位《九章算術》研究者，他叫郭書春，很年輕，但做事極其認真，他的研究成果是靠得住的。」

那時我們出版社非常信任梁先生，立即派我到北京去找郭書春。實言之，我第一次見到郭先生頗有些失望，他不像梁先生那樣學究氣十足；看上去倒很有些工人階級的氣質，談話極其樸實、坦率，加上高高壯壯的身材，一副典型的山東大漢形象。當時，我們談論的就是郭先生關於《九章算術》研究的全部計劃，包括出版《九章算術》彙校本，以及他與法國人合作翻譯出版《九章算術》法文版等等。交談中，我漸漸被郭先生的學術水平和工作精神感染了，理解了梁先生舉薦的道理。

我記得，在一九九〇年，為了出版繁體字《九章算術》彙校本，我們與郭先生一同去深圳排版校對。我們幾個人擠在一個房間裡，沒有去過飯店，每天吃盒飯；天氣極熱，酒店的空調只是晚間才開放幾個小時。那時的深圳已經是花花世界，但是郭先生每天都坐在房間裡埋頭校對，他說：「此書的宗旨就是校勘古今版本的正誤，自然不能再出一處錯誤。」

我記得，在一九九三年，我去西班牙參加第十九屆世界科學史大會。當時郭先生正在巴黎從事《九章算術》法文版的研究工作，我們相約在巴黎見面，再一同赴會。我獨自一人乘機在戴高樂機場落地，郭先生把我接到他的住處，一個向當地華人租用的房子。它地處巴黎第十三區，房間破舊得讓我無法想像。但是郭先生在那裡一工作就是兩年，每天用功至極，還省吃儉用，甚至家人都不能前去巴黎探望。請記住，那時郭先生已經是這個項目的中方首席學者了！

我記得，在一九九五年，我們請郭先生與劉鈍先生一起主持《李儼錢寶琮科學史全集》的編輯整理工作，他為此整整忙了兩年。一天，郭先生來電話說：「書稿終於編完了，我已經累得筋疲力盡，走出家門口都摔倒了。」

當然，我也記得一些有趣的事情。上面消息中的那位林力娜博士，曾經是郭先生的學生。郭先生說，林力娜是猶太人，非常聰明，只用一年就把中文學得很好了。郭先生還說，林力娜剛到中國來學習時，年輕漂亮，又有法國人的浪漫，好多學生都追求她；郭先生就怕出事，總要管束她，讓林力娜很不理解。今天想起來，郭先生也覺得有些可笑，會出什麼事呢？人家都是成年人了。

我在參加西班牙科學史大會時，與林力娜有過一段接觸。她中文說得真好，為人也很好。比如大會規定，專門資助「發展中國家和前社會主義國家的學者」，我們中國學者有很多都是接受資助才得以參加會議的。但是，會議期間一些重要的聚餐還要另收費，我們中國學者支付起來依然有困難。林力娜就主動為我們繳費，避免了我們的尷尬。尤其有趣的是她認為，中國人凡事都會謙讓三次，只有第三次才是真意。例如，她問你：「要咖啡嗎？」你說：「不要。」她一定還要再問兩遍：「真的嗎？」才確認你的態度。

寫到這裡，我在感嘆郭先生功成名就的同時，還勾起了心底對另一件事情的思考。那就是我國上世紀六十年代的那一代學人，他們在現今的中國社會中佔有很重要的位置。尤其是提起這些人，我的印象極其深刻，因為從我七七年上大學，到後來分配到出版社工作，我的老師、領導、同事、作者等等，大都是由他們構成的。雖然朱學勤曾經說：「他們是至今尚難從蘇聯文學的光明夢中完全清醒的人」；雖然那場突如其來的「大革命」在他們的身上留下種種歷史的印跡，甚至斑斑血痕；雖然社會的變遷鑄成了他們複雜的「人格特徵」，使他們的思想表現往往顯得深邃而隱秘。但是，他們還是承載了一個時代的責任，他們中的優秀分子依然無愧於這個時代，讓人尊敬！

寫於二〇〇五年

書之愛，父之愛

今年，我的父親九十五歲了。他不老，在這些天的老幹部聚會上，他還在唱《五月的鮮花》。我深愛父親，崇拜他、敬重他，但是，我很少與父親做思想交流。

我們兄弟姐妹四人，我最小。母親說，她和父親原計劃就是要生四個孩子，最好是兩男兩女。但是在我之前，爸媽的這個目的已經實現了，他們已經有過四個孩子，即：大姐安娜，大哥小平，二哥悠悠，二姐小勇。不幸的是，二哥生來身體虛弱，在三歲時就夭折了。姥姥時常說，都是因為名字沒起好，你看「安娜」安全，「小平」平安，「小勇」勇敢，可是「悠悠」多不穩當啊？

悠悠哥的死，使媽媽受了很大的刺激，在一段時間裡，她看見誰抱著孩子，都想走過去看一看是不是她的小悠悠。所以媽媽才下決心，一定要再生一個孩子，那就是我了。可能是有了前面的事情，媽媽對我極其關愛，為此父親經常提出意見，說母親溺愛不明，會毀掉一個孩子。我與父親的關係，也始終表現得尊敬有加，親熱不足。

不過，有一點我與父親心心相通，那就是「愛書」。父親有許多藏書，這在那些當年跟著毛澤東打天下的老幹部中是不多見的。那時許多老幹部的生活是很享受的，業餘活動很多；可是父親不抽煙，不喝酒，不玩牌，不跳舞，不結黨，整天買書、看書，辦公室裡也擺滿了書櫃。因此，他後來被任命為黨校校長，在老幹部的圈子裡有「老夫子」的稱號。

我懂事時，父親已經被打成走資派。那些書先是被造反派抄家收走，後來退還給我們，它們被裝在一個個麻袋裡，就放在我家的一張大床的靠牆那一邊。我也睡在那張床上，頭朝外，腳抵著那些裝書的麻袋。那時文革鬧得很凶，大字報都貼到我家的大門上，我記得有一個題目是「向高薪階層猛烈開炮」；我們不敢出屋，外面的小孩見到我就喊「狗崽子」。比我長七歲的大姐，看到我被外面的口號聲嚇得發抖，總好把我摟在懷裡，輕輕地撫摸著我的頭髮。沒有辦法，我們只好盯上了父親的那幾麻袋書。我記得，哥哥看《少年維特之煩惱》最來勁，看到激動時還學著維特自殺的姿勢，用手指著頭部作開槍狀，然後轟然倒在床上。有一天，哥哥正在與我談此書時，被心緒煩亂的父親發現了，他搶下書，把它撕得粉碎。不久，哥哥又讀起了魯迅，激動時揮筆將魯迅的四句詩抄下來貼在牆上。詩云：「夢裡依稀慈母淚，城頭變幻大王旗。忍看朋輩成新鬼，怒向刀叢覓小詩。」父親看到後二話沒說，又給撕掉了。這次哥哥反駁說：「主席說，魯迅是中國文化革命的主將。」聞此言，父親苦苦地笑了。

那時父親的罪名是特務。記得抄家那天，已是半夜時分，我家的門被敲得山響；一位造反派頭頭一進門就大聲宣布：「俞未平，根據我們內查外調，你是國民黨特務。」他的話音剛落，父親突然朗聲大笑。那是一個勇士的笑聲！我們都被那超大的聲音震得呆在那裡，只聽那個造反派低聲說：「你不要笑，我們是有證據的。」媽媽很沉著，她小聲問那位頭頭：「是哪個派系的特務？」那位頭頭答道：「中統CC特務。」當時，年僅十歲的我心裡亂極了，想到了渣子洞、白公館、李玉和、密電碼，也想到了前幾天，我與二姐還翻出了一張父親穿國民黨軍裝的照片，當時膽小的二姐臉都嚇白了。二姐從小就愛哭，所以爸媽才給她起名曰「小勇」，希望她能勇敢起來。後來我們才知道，那張照片是父親在陳毅同志的領導下，按照黨中央的指示，進入國民黨傳作義部隊去做統戰工作的。事後，我還問媽媽：「CC特務是什麼意思？」媽媽說：「CC代表陳果夫、陳立夫，他們都是國民黨的大特務頭子。」後來，我們也問過父親：「你為什麼那麼坦然？」他說：「因為我經歷過延安整風。」

在這樣的環境中，我還能做什麼？只能偷看父親的書。為什麼要「偷看」？因為父親說，那些都是封資修，看了會中毒的。他越這麼說，我越想看，先是偷看插圖本的《水滸傳》，接著是

《一千零一夜》、《聊齋》、《紅樓夢》。我記得父親的那套《紅樓夢》是線裝的，分兩函，每函八本。我偷看時，只能一本一本地抽出來，看完後再塞回去，換看另一本。可是我抽出一本書之後，函套就會鬆下來，很容易被父親發現；為此，我想出了一個好主意，我抽出書後，把一片與一本書一樣厚的海綿加在空檔裡，海綿的顏色又與泛黃的舊書相同，再繫緊函套，很難被發現。我這樣做，騙了父親好長時間；終於有一天，他發現了，勒令我把書交出來。我交書時，偷看一眼父親的表情，他很得意，其中似乎還蘊含著一些對我嘉許的目光。

一九七四年，我中學畢業，按照當時的形勢，需要「上山下鄉」。作為走資派的子女，我被強令送到「最艱苦的地方」鍛鍊；我不願意去，父親就因此被貼了許多大字報，說他「走資派還在走」。無奈，我只好去了。臨行前，我在一張紙上寫了李白《南陵別兒童入京》中的那句詩：「仰天大笑出門去，我輩豈是蓬蒿人。」後來被父親看見了，他在下面寫道：「此兒素有大志。」接著，他也引李白的一句詩云：「但仰山嶽秀，不知江海深。」

其實，我的一切都在母親大愛的籠罩之下，她不需要父愛的補充，她甚至拒絕社會對我的評判。記得文革時，造反派批判母親對我嬌生慣養的大字報就貼了整整一面牆；許多人都說我不會有出息，飯來張口、衣來伸手，上學都要有一個保母在後面跟著。即使文革衝掉了我這種優越的生活環境，但是他們仍然無法阻止母親對我拚命地呵護，記得我上山下鄉的那一年，母親沒能把我留住，急得一下子拔掉了三顆牙齒。直至我二十六歲結婚的那一年，母親對我說：「小四兒，你可以自立了，你現在一切都是健康的，媽媽身體不行了，但我的心會一直呵護你的人生。」兩年後，媽媽離開了人世。這些年來，每當我想起母親的這段話，都會滿眼含淚，心如刀絞。

也可能是超強的母愛影響了父親的發揮，因為母親時常教育我說：「對你來說，父親永遠是正確的。」所以，我與父親沒有平等交流的機會和結點，只是在他的藏書中，我與他產生了心靈的碰撞，從兒時的閱讀到後來文化品格的塑造，讓我愈來愈覺得父親的身影無處不在，父親的精神無時不表現出極大的力量。從那一摞摞的藏書中，我終於讀到了另一種愛。不，不是另一種，而是生命孕育的另一半，它就是與母愛同樣偉大的父愛！

寫於二〇〇七年

那一縷書香，怎消得孤獨寂寞

清晨，伍杰先生來電話，他讓我幫他找一本很久以前出版的書。伍杰先生是我們的老領導，更是一位專家型的官員；他撰寫了許多很好的關於書的文章和著作，對於書的認識和評論非常專業，像他在《中國圖書評論》上發表的系列文章，就很有品質。同時，他與其他老領導一樣，很關心我們這些後來者的學習、成長，比如幾年前，他就曾經來電話問我「幾米繪本」的出版情況，談得很細，其中對於時尚文化的許多思考很有見地，讓我深為震動！這一次，伍杰先生提到的是我十年前組織出版的常風的《逝水集》，以及收編此書的「書趣文叢」，使我又一次為之震動！實言之，聽到伍先生提起常風的名字時，我都有些淡忘了，趕忙搜尋記憶，才清晰了書與人的影像。

提起「書趣文叢」，不知為什麼，我的心底總會冒出一絲絲憂傷的情緒，那心境，如冷雨中搖曳的殘荷，如月色下幽深的桃花潭水。不是說這套書編得不好，有沈昌文、吳彬、揚之水、陸灝這些高手操刀，有施蟄存、金克木、金耀基、吳小如、舒蕪、谷林、施康強、董樂山、金性堯、陳樂民、資中筠、董橋、黃裳、費孝通、王充閭、葛兆光、李零、陳平原這些頂天立地的人物加盟，怎麼會編不好呢？也不是說這套書沒有影響，曾幾何時，「書趣」二字幾乎成了遼寧教育出版社的代名詞；而這套書的書標「脈望」，後來竟然成了出版社的社標！應該說，「書趣文叢」表達著一些愛書人的人生旨趣，講的是方法、格調和品味。我們陸續出版了六輯五十五冊，琳琅滿目，還是意猶未盡！

你聽，止庵先生在不久前還說：「『書趣文叢』的價值或許有待時間的考驗，然而其中至少谷林翁的一冊《書邊雜寫》，我敢斷言是經典之作，可以澤及後世。」一個編書的人，得到這樣的評語，應該倍感欣慰！

但是，時光還是沖淡了那一段熱情，一個愛書人的盛宴，一個死而不僵的書魂，只能默默地潤入中華大地，化作一縷幽香，在愛書人的心中遊蕩！

我傷感，是因為一張死亡名單不斷地塗抹著我鮮活的記憶：施蟄存、吳方、王佐良、董樂山、胡繩、唐振常、金克木、鄧雲鄉、周劭，就這樣一年一年地寫下去，人的生命，真的禁不起歲月的琢磨！留下的文字，其實是文化的慶幸；逝去的靈魂，只能造成無法補救的缺憾與懷念！

我傷感，是因為我想起編輯「書趣文叢」之初，沈昌文先生朝氣蓬勃的樣子。他經常背著一個大書包，穿一條牛仔褲，上衣總是不大整齊，裡外分不出層次，一見面先向我們分發稿件、資料。我還記得，當時沈公做白內障手術，我們要給他送一束鮮花，他說：「鮮花就不必了，鮮飯倒可以考慮。」結果手術當天，他就戴著眼罩跑出來與我們開會。現在，沈公依然帶著他灰色的幽默快樂著，但年齡已使他時而顯出一些快樂的疲憊；前些天中午我們相聚，談話間他坐在桌前小憩，面色紅潤，調息著他的「小周天」！我幽幽地思想：此時沈公入靜了麼？他的「周天」之上是否有一條玉龍盤旋？我更相信，命運與性格，決定了沈公的人生態度，他心中的蛟龍可以悠閑自在地遊動，灑幾滴霪雨，送幾縷信風；但他絕不會挺劍而起，絕不會「攪得周天寒徹」！如此生命與生存的道理，在我的內心中隱隱認同！

我傷感，是因為我們幾位追隨沈公編織「書之夢」的人，都沒能逃過歲月蹂躪的窠臼。吳彬依然在《讀書》，還算穩定，在去年「三聯風波」的噪聲中，隱約可以見到她的銳氣；但作為我們當年團隊的「大姐大」，我總覺得，今天的吳彬少了某種鋒利！這麼多年，我只見過吳彬的兩段文字，一是紀念吳方先生去世的一段消息，只有幾十個字，我非常喜愛其中的個性和文采。她寫道：「吳方的文字含蓄綿密而秀美出塵，就像作者本人一樣有著不盡的餘蘊。」記得當時我還讚道：「這就是吳彬的風格！」還有一篇是前不久紀念馮亦代先生的文章《別亦難》，文字工工整整，敘述婉轉精當，其風格已與當年「述而不作」的吳彬大不相同。大概是馮老獨具的身分使然，才讓她這樣落筆！

當然，傷感的事情還包括幾位核心人物的離散，也就是「脈望」的組成人員。先是揚之水，她早早地離開《讀書》去做研究員，關於《詩經》研究的著作一部接著一部；從網上見到，她已經做了研究生導師。還有上海的陸灝，他倒是沒有遁去，卻終日為《萬象》的柴米油鹽苦鬥！遼寧方面，有兩位主要的責任編輯，一位是王之江，他已經離開遼寧，去了南開；還有一位是王越男，他剛剛四十八歲，前些天不幸病逝！

最後就是我了。三年前，因為工作變動，我不再擔任遼寧教育出版社的總編輯。升遷也好，改革也好，此後的處境，真的比從前風光了許多；可我也真是沒出息，即使在花團錦簇的環境裡，還是忘不掉那段如詩如夢的「書趣情結」。尤其是隨著時間的推移，我的思緒不但沒有弱化，反而轉變為一種貌似老年人的症候，經常陷入人生回望的狀態之中不能自拔，內心繁衍著對於舊日書香的眷戀，不時盤算起今昔行為的價值判斷！

沒出息！甘願在愛書的心境中墮落；握一柄釣竿，在文化的寒江上垂釣！

寫於二〇〇六年

堅守理想的樂園

中國出版就這樣快速地變化著。先是政、事分開，接著就試點企業化；可「試點」還沒有試完，一下子又全面鋪開了。當然，有了「與時俱進」的觀念，就不必慌張，一切自然在掌握之中。正值此時，卻收到《中國編輯》的約稿函，說是要討論一下「堅守編輯理想」的問題，真是一個好題目。我一個做了二十多年出版的編輯人，哪裡是要堅守，簡直是想賴著不走；現在卻要「討論」，看來這陣營中確實出現了某些思想的信風。那也是必然，正所謂「齊一變，至於魯；魯一變，至於道。」只是我這個慣於「抱殘守缺」的人，一談到理想，就會想到那些兢兢業業的先輩們，他們歷經滄桑，不為時勢所動，抱著一個宗旨，終日伏案勞作。他們的精神，更經得起歷史的檢驗，我更敬重他們！於是，衝動之餘，就有了下面的一些聯想。

一

陳原先生剛剛離開我們。他是一位智者，更是我們的導師！如果他活著，此時我一定會發個「伊妹兒」，向他請教如何「堅守理想」云云。現在不行了，好在陳原先生的精神還在。你看，沈昌文先生參加陳原先生的追悼會，逢人卻說：「我剛從陳老總的聚會上歸來！」有人問：「你看到陳原先生面色如生麼？」沈先生說：「沒有啊，為什麼如生？我看大家的面色都很好。」是啊，陳原先生確實還活著。一說到編輯理想，我立即想到他的那句名言：作為一個編輯，作為一個老總，他的自我修養的頭一條，應當使自己成為「書迷」。為什麼？他寫道：

把自己奉獻給出版事業者，無一不是書迷。迷上了書，即迷上了這事業，百折不回頭。局外人有取笑者，管他呢——水來土擋，因為迷上了書。鑽入書林，迷上了書，然後知書味，知了書味，則什麼閑言碎語，什麼風險，什麼打擊，什麼挫折，什麼什麼，都不怕了……書迷與文明共生，甚至過著一種淡泊寧靜的自我犧牲生活，具備一種虔誠的殉道者精神。默默地勤勞，做出無私的奉獻。不是為了黃金屋或顏如玉，絕不只是具有「職業」道德，書迷已超過了「職業」，他的職業性責任感，以昇華為對人類文明的奉獻。

這段話摘自陳原先生的一個講演稿，名曰《總編輯斷想》。我喜愛此文近乎癡迷，甚至專門為之出版了單行本。值得提及的是，沈先生的「後序」更是解得真切，他說：「陳老出版觀念的許多新發展，我已不及實踐，以是恨恨……從這裡看，年輕的讀者朋友，你們在還能把陳老的經驗付諸實踐的大好時光讀到這本書，是有福了。」

二

近一段時間裡，出版界還有一篇文章，振聾發聵。那就是劉杲先生的大作《出版：文化是目的，經濟是手段》。劉先生是我們的老領導，身居高位，或高堂講章，或指點江山，他從不講官話套話。尤其是他的微笑，他的平和，他的從容不迫，讓人體會到文化修養與文化傳承的魅力。在劉杲先生那裡，「文化」就是生命！是一個出版人的生命，是一個民族的生命，是人類的生命。例如，談到「文化大革命」，他說：「陳翰伯的話給我印象最深：『文化大革命的教訓，就是永遠不要再搞文化大革命了。』一句話就說透了，有什麼可分析、爭議的二八開，三七開，四六開，甭開了！」這話說得刻骨銘心。由此聯想到眼下改革的熱浪，我們永遠不能忘記「文化」這個精髓！有了這個基本精神的確定，「堅守」就不再是空話。

劉杲先生還有一篇文章，著實讓我激動了很久，即他為《中國編輯》創刊號所寫的發刊詞，題為「我們是中國編輯」。此文文采飛揚，充滿激情。他不但激昂著我們的鬥志，更讓人感嘆一位職業出版家的情操；同時，我還想到「歷久常新」的意義！摘下其中一段，就足以鼓起我們「堅守」的勇氣：

中國編輯，堂堂正正，浩浩蕩蕩。在這支隊伍的前邊，我們望見張元濟、鄒韜奮、胡愈之、葉聖陶、陳翰伯等眾多先賢的背影。前人霞光滿天，後人朝氣蓬勃。我們前仆後繼，鵬程萬里。

在這裡，我體會到一種純潔的情感，一種堅強的意志；即使歷盡人間遭逢，依然百折不回的人生態度。我們這一代人，實在是太需要這樣的「精神注入」了。我還建議，若有閑暇，就再讀一讀劉杲先生為《編輯人的世界》一書所寫的序言，題為「美國編輯怎樣看待編輯工作」。總之，他的理念是完整的，是一以貫之的。

再回到劉杲先生的那個命題：「出版：文化是目的，經濟是手段。」此文原載於《中國編輯》二〇〇三年第六期，但這個命題的提出，卻與我有些關聯。那是在二〇〇三年六月，我託沈昌文先生請劉杲先生為我的文集《人書情未了》作序，劉先生正是在此序文中寫道：「文化是出版的魂，出版的命……如果背離了文化出版這個根本目的，經濟手段對出版有什麼意義呢？」沈先生收到劉杲先生的序後，在回覆的郵件中讚道：「你的『對出版來說，經濟只是手段，文化才是目的』，是名言，佩服佩服！現在正需要這樣的黃鐘大呂。」

三

接著，我的「聯想」從圈兒內又游離到圈兒外。其實也「外」不到哪兒去，都是「案上春秋」。寫到這裡，恰好收到董橋先生的來信，他是看了我的一些關於出版的短文才覆此信的。其中有一段話，讓我倍感自豪，他說：「我平生原本最想做個出版人，出精緻的書，出好書。但是此生我做不成，看到你做了，格外高興。」我們出版人，在這樣的行當裡，聽到大行家說一句：「你的書編得真好！」是可以大慰平生的。記得我曾經對王亞民先生說：「有專家說，要抓緊收集河北教育出版的那批好書，其中有些品種，大概在未來數年甚至更長的一段時間裡，都不會再有出版的機會了。」當時，亞民兄臉上洋溢的表情，凝重而欣慰，使我難忘。

實言之，我總覺得，「堅守」一詞有些壓迫感。其實出版更應該成為一個樂園，一個愛書人的樂園。以文會友也罷，文以載道也罷，總之那歡樂是發自內心的，是超越時空的，甚至是超越生死的。你看，董橋在那封信中還寫道：「你的《無奈的萬有》一文，所附王雲五先生的照片，讓我想起當年在台北（與王雲五）匆匆一晤的舊事。」於是，我找到董先生的《給自己的筆進補》一書，其中有文章曰：「點亮案頭一盞明燈」，他記述了那段「舊事」，以及對出版人的尊敬：「讀這些文庫、叢書，我常常會想起王雲五在商務的業績，覺得這樣的讀書人，實在體貼周到得可愛……照片裡的王先生矮矮胖胖像個大冬瓜，有一次在台北重慶南路見到這樣一位老先生走過，幾個同學都說那是王雲五，我起初半信半疑，後來也跟著大夥一起相信了，回宿舍誇說我們見到了王雲五！」

這些故事裡，恰恰包含了出版人乃至文化人的快樂。即使在香港，即使在世界各地，「文化鏈接」就是這樣便捷，無處不在。它正應了《易經》中的那句話：「鶴鳴在陰，其子和之。我有好爵，吾與爾靡之。」一個多麼美好的景色，這正是我們追求的精神境界！

寫於二〇〇六年

巴金的「眼淚」

出於職業的需要，編輯的閱讀大都很寬泛。為了取巧，我更愛讀名人的「書話」，從中獵取出版信息，是一個很好的途徑。但是，何謂書話？今人好取唐弢的定義：「書話的散文因素需要包括一點事實，一點掌故，一點觀點，一點抒情的氣息……」實際上，它是繼承藏書家題跋一類的文體。

上世紀末，姜德明主編了一套書話，品質上乘。包括魯迅、周作人、黃裳、鄭振鐸、巴金云云，都是大家名家。尤其是《巴金書話》一冊，最讓我心動。所動之處，倒不在通常的序跋、評論之類文章，而是書中第六輯收錄的巴金撰寫的二十五篇廣告詞。它們原載於當年書刊的附頁或勒口上，有心人將其收集起來，使我們得以一覽大學問家的「商業語言」。

巴金的文字當然極好，做起廣告來，更是另有一種韻味。在這裡，我們不妨欣賞一下他「推介」的言辭。例如，他說《賣魚者的生涯》「是天地間之至文，非具有偉大的心靈的人寫不出來的」；他說《文化生活叢刊》是「真正的萬人的文庫」；他說《文學叢刊》之中「沒有一本使讀者讀了一遍就不要再讀的書」；他說柏克曼的《回憶錄》「是一本聖書」；他說「高爾基是一個偉大的做夢的人，而《草原故事》是他美麗而有力的仙話」；他說屠格涅夫的《文學回憶錄》「真是珠玉般的作品。」

顯然，語境不同，敘述的方式就會發生變化。廣告的語言出於商業的要求，最強調主觀的判斷，或以「誇張的客觀」襯托推銷者的主觀意識。巴金也不例外，他的廣告詞，大不同於他那些平實的高堂講章；他的字裡行間處處閃爍著「促銷」的商業化痕跡，只是語言的精妙，仍不失大家的風采。其實出於廣告語言的需求，即使是他自己的著作，他也會「讚譽有加」。例如，對於他的《俄國社會運動史話》，他說：「這是用如火如荼的筆寫出的書，會震撼每個讀者的心靈。」對於他的《憩園》，他寫道：「作者在發掘人性。我們也許可以讀到憤怒，但絕沒有悲哀。該死的已經死了，愛沒有死，死完成了愛。」

綜觀巴金的廣告，我還發現一個有趣的現象，那就是每當「推介」達到激情處，巴金最願意「落淚」。在二十幾篇廣告詞中，竟有十餘處用到眼淚。請看：

《革命的先驅》：革命的青年讀了此書不流幾滴同情之淚，也算忍人了。

《俄國虛無黨人運動史》：此書可以使人流淚，也可以使人興奮。

《賣魚者的生涯》：譯者一面流著淚，一面譯成此書。

《告青年》：我們捧著一冊，懷著純白的心，沸騰的血，熱烈的渴望，同情的眼淚，大步向著實生活走去。

《懸崖》：作者使我們跟他們一道笑，一道哭，一道順著激情的發展生活下去。

《安娜卡列尼娜》：這整個故事是如此逼取我們的眼淚。

巴金的眼淚是一種吶喊，一種閱讀的境界，一種文化的感召力。即使是在商業化的語境中，我們依然可以感受到一個文化人心底的純真的愛。那愛，灑向讀者，灑向人間！

寫於二〇〇三年

閱讀與思考

啟蒙時代，我搜到一張充滿個性的書單

上世紀八十年代，「十年動亂」剛剛結束，人的思想一下子解放開來，整個社會都進入一種集體亢奮的狀態，學習的拚命學習，思考的放開思考，不覺帶來十餘年的文化繁榮。只是在歷史的時段上，這個過程有些孤立且短暫，前面的「文化革命」與後面的市場經濟，把八十年代隔離成一個精神孤島。雖然那個時代離我們並不遙遠，它有時卻像海市蜃樓一樣，在超時空的文化海洋中飄浮，讓人忽而圍觀，忽而熱議，忽而迷惘。像「八十年代究竟是一個什麼樣的時代呢？」這樣一個基本問題，人們的說法就多得不得了：

李澤厚：思想家凸現的時代；

查建英：浪漫時代，像美國六十年代那樣；

阿　城：前消費時代；

金觀濤：繼「五四新文化運動」之後，第二個思想啟蒙的時代；
甘　陽：最後的文化人時代；
陳平原：充滿批判精神的時代，或曰它還屬於五四時代；
洪　晃：一個悲壯的時代，那才叫有文化呢；
許多人：中國的「文藝復興時期」（朱大可：應該是文藝復甦）；
……

在這裡，最讓我感興趣的是「思想啟蒙」概念被重新提起，它把八十年代直接接續到遙遠的五四時期，再神遊到更為遙遠的十四—十六世紀歐洲文藝復興，以及十八世紀歐洲思想啟蒙運動。有了這樣的聯想，短暫的八十年代變得高大起來。因為從第二次鴉片戰爭算起，歷經洋務運動、戊戌變法和辛亥革命，直至五四新文化運動，中國的思想啟蒙運動也有了百餘年的實踐。這一次能在八十年代得以繼承和復甦，實在是一件了不起的事情。

問題的關鍵是，如此懸空地拔高八十年代的歷史地位，有什麼根據呢？這一問，又會引來許多有識之士鋪天蓋地的「搶答」。只是時代變了，那些上承五四傳統的老輩們多已駕鶴西行；昔日當紅的小生們，也被一股一股的時代潮流沖得七零八落；僅存的艾略特與海德格的詩性情結，根本無法把握或獨佔當下的論壇。比如，面對八十年代，我們充滿浪漫與理想的宏大敘事，已經被王朔、梁天的新文體所顛覆，人們沒有辦法再板起面孔述說「那過去的事情」；我們飽含凌辱與希望的「尋根情結」，已經被全盤西化的極端情緒所重創，人們在不自覺中又墮入「國民性批判」的圈套；我們高揚起「人的解放」的旗幟，出版卡西爾的《人論》，一年就印了二十四萬冊，譯者甘陽卻說：「主要觀點麼，不相干的。為什麼暢銷？就是因為這個書名……談人麼，人道主義麼，完全是陰差陽錯。」你說是文藝復興，他說是久病後的蹣跚起步；你說是荊軻式的文化鬥士，他說是不敢刺秦王，卻去刺孔子；你說是人的文化結構的重建，他說是找尋阿Q精神失靈後的新依託；你說是激情年代，他說是被創新之狗追得連在路邊撒泡尿的工夫都沒有；你說是值得記憶的東西太多了，他說是記憶失真、恍如隔世；你說那是一個國家、一個民族的文化惡補，他說算了吧，只不過是先上吐下瀉，再慢慢進補；你說八十年代的文化人找到了共同的話語，他說所以才有了後來人們的集體失語；你說是思想啟蒙運動，他問你誰是八十年代中國的伏爾泰？你說那個年代，一想起來就讓人激動，他們卻問：前輩，你們究竟激動什麼？

就這樣，我們陷入一種表述的困境，也可以稱之為新舊語境的交織與衝突。那就是每當一個正統的文體，說出一個正統觀點的時候，都會出現一個或許多個非正統文體的正統或非正統的觀點，與你如影相隨。這個影子或者可以稱之為王朔式的，它類似於西方的黑色幽默，我們叫調侃，又叫「擰巴」。有趣的是，近二十年來，這種非對稱的文化範式化成一種流行時尚，在我們的社會中彌漫開來，它讓崇高感到落寞，讓精英們有了自戀、自虐或自嘲的味道。不信你注意聽一聽今天影視、小說、戲劇等藝術形式的語言，幾乎處處都充斥著此類詼諧或調侃的情緒。在這樣的語境中，評說充滿使命感、理想主義的八十年代，自然會產生失語、滑稽或混亂的狀態。

是啊，八十年代，我們剛剛經歷一場漫長而殘酷的文化浩劫，突然之間東方吐白，萬物復萌，新環境的構建尚屬闕如，許多個性化的東西卻迫不及待地噴湧出來。說起來，我的身分也屬於那個年代的主流人群，許多時髦的概念都在我的身上演化過，諸如此前的黑五類、狗崽子，其間的七七屆大學生、知青一代文化人，此後的文化反思、國學熱云云。說句心裡話，我非常喜歡八十年代的生活情調，因為人的個性解放，以及個人攝取文化的過程，都有了社會進步的意義。今天，聯想到西方「啟蒙運動」的本義，它的英文為Enlightenment，表述的是一個「光明的時代」；那時我們的情操，是在自覺自願的狀態下，向著光明貼近。有些幼稚，所以失望；由於失望，故而難忘。但在這一層意義上，八十年代確實具有思想啟蒙的基本屬性。

再者，我們知道，西方走出中世紀的黑暗，步入文藝復興和啟蒙時代，正是以十三世紀，德國人古騰堡發明活字印刷術為起點的。印刷機使人們走出教堂，用對國家的愛取代了對上帝的愛；印刷機創造了作家的概念，使個性的表述、個人奮鬥和個人主義有了闡釋的可能，像蒙田，他發明了個人隨筆的文體，讚美個人歷史，而不是公眾歷史，他甚至只讚美自己，讚美自己的特立獨行、怪癖和偏見；印刷機使閱讀成為私人的事情，成為一種反社會的行為，它對抗上帝暨神父的話語霸權，讓讀者回歸自我，回到自己寧靜的心靈世界。

做一點比較，我們可以清楚地看到，八十年代也出現了一個出版的繁榮時期。雖然我們的起點不是「印刷機」，但是經歷了長時間的出版與閱讀的禁錮，突然的解禁讓人們歡喜若狂、手舞足蹈，甚至有些不知所措，「三五年就把西方作家一個世紀各種流派都給過了一遍，然後不就是拿諾貝爾啊、出大師啊、傳世之作啊什麼的。」（查建英語）此時，我們似乎看到了啟蒙時代的影蹤，有些短暫，所以幼稚；由於幼稚，故而更加讓人難忘。

就這樣一路思想下去。那一天，靜夜沉思，同時在互聯網上閑逛；突然，我搜到一張書單，題目叫《私人的閱讀史》，講的是八十年代的讀書生活。它的作者叫數帆老人，他顯然是一位讀書的行家，他的閱讀也充滿了個性。跟帖的人很多，其中不乏高手，不但評說，還補上更多的書目。他開篇寫道：「對我來說，上世紀八十年代是閱讀的狂歡時代，我和那個時代大多數中國青年一樣，患上了閱讀飢渴症，在整個十年裡似乎除了讀書沒什麼別的事好做，逮著什麼讀什麼，囫圇吞棗，不求甚解。那十年也是出版業的黃金時代，出書不花錢，出了多少好書？不知道，反正讀不完。」

接著，他開始了長達三個多月的閱讀回憶，一共講了二十三段關於書的故事，涉及到的叢書有數十套，比如：外國文藝叢書、二十世紀外國文學叢書、外國文學名著叢書、美國文學史論譯叢、二十一世紀人叢書、外國現代驚險小說選集、文藝探索書系、獲諾貝爾文學獎作家書系、三聯書店的叢書群、上海人民的叢書群、上海譯文的叢書、作家參考叢書、文學新星叢書、兩套法國文學叢書、兩套外國短篇小說選、當代外國文學叢書、漢譯世界學術名著叢書、二十世紀文庫、美學譯文叢書、幾套評介新知的叢書、走向未來叢書、外國著名軍事人物叢書、兔子譯叢、二十世紀外國大詩人叢書、八方叢書、外國歷史小叢書、外國著名思想家譯叢、貓頭鷹文庫、三個面向叢書、宗教與美學叢書、青年譯叢……

我急匆匆地翻看，一口氣讀到篇末，抬起頭，已是五更時分。眼中的淚，灑落在桌上、屏幕上，化作斑斑點點的痕跡；是睏倦，也是心花的綻放。展一展腰身，我嘆道：「這正是思想啟蒙的主線。」

寫於二〇〇八年

卅年間，落幾滴星星雨點在心田

不久前，《讀書》前主編沈昌文先生應華東師大陳子善先生之邀，與一些大學生、研究生座談八十年代的《讀書》和文化思潮。事後他感慨地說，人們對往事的忘卻真是太快了，二十多年前的事情，他們幾乎一無所知。聽到沈先生的話，作家毛尖嘆道，是啊，對現在的大學生來說，上世紀八十年代的事情，就像古典文學一樣久遠。

如此快速的忘卻一定是有原因的。不然，資深出版人陸灝為什麼會說：「在回憶過去的時候，我們常常會陷入兩種困境，要麼把過去看成是失去的天堂，要麼覺得往事不堪回首。」陸兄說話，歷來飄如浮雲、落似殘花，不著俗世痕跡。他這一句朗朗之言，自然喚起我追思的欲望。從一九七七年恢復高考（編按，「高考」為台灣的大學聯考），到一九八一年進入出版行業，再到今日的繁華世界，整整三十年了。作為三十年的親歷者，我們忘卻了什麼？記住了什麼？清理一下吧，我一邊點數，一邊不無諧謔地想起孔乙已那句妙語：「不多了，我也不多了。多乎哉，不多也。」

是的，時光飛逝，我記憶的脈絡零亂得無從說起。

還是先從「文化」入手。文化卻是一個寬泛的概念，它至高無上，至深無下。這三十年，在形而上的意義上，文化的波折真實而確切。前十年，或曰上世紀八十年代，那是一個文化啟蒙的時代，一個激動人心的時代。更具體一點，在「解放思想」的主題之下，我們迎來了一個「文化叢書的時代」。老牌沉穩的商務印書館的「漢譯世界名著」就不用說了，時稱三大編委會推出的三大叢書：「走向未來」、「文化：中國與世界」以及中國文化書院編委會推出的一系列著作，引領了十年間的文化思潮。一時間，相應的叢書、套書蜂擁而上，無數時髦的名詞與學術概念撲面而來：保羅•沙特、弗洛伊德、馬克斯•韋伯、丹尼爾•貝爾、馬庫色、弗洛姆、班雅明、阿多諾、海德格、傅柯、波娃、亨廷頓，還有現象學、闡釋學、存在主義、宗教學、法蘭克福學派、新儒學、女權主義、後殖民理論，等等。有人把那一段繁榮歸因於「十年動亂」的文化反彈，正像西方的「文藝復興」一樣；憤青們卻反諷道：「八十年代的可憐就是不知道自己有多慘，還說什麼文藝復興！那是癱瘓病人下床給扶著走走，以為蹦迪（編按，為跳迪斯可之意）啊！」（陳丹青語）

我是那一輪「文化啟蒙」熱情的追隨者與參與者，在一種亢奮的狀態下，我們見到新書就讀，見到新概念就想弄個究竟。一九八七年，我們也曾經在遼寧教育出版社推出叢書「當代大學書林」，算是幾個年輕的出版人對於時代的回應。記得當時我們在《光明日報》上發了一個小小的「徵稿啟事」，結果投稿的來信鋪天蓋地，我們用大字報的形式把題目抄下來，整整貼滿了一面十餘米長的牆壁；其中有張光直、薛華等大學問家，更多的是一些初露頭角的學術新人，像李君如、宋林飛、孟憲忠、邴正、陳學明等；推出的著作有《哈貝馬斯的商談倫理學》、《當代西方社會學》、《思考世界的十個頭腦》、《觀念更新論》、《美術、神話與祭祀》等。回想起來，那時提出一個叢書的名目，向社會徵稿，真有「振臂一呼，應者雲集」的感覺。

到了九十年代，當我們再以上面的形式公開徵稿、組織選題時，社會上那種充滿理想主義、浪漫主義的呼應與認同沒有了。開始我們還以為是題目不好，後來才發現是時代發生了變化，我們的文化表徵也由「啟蒙」轉向傳統文化的反思；以及面對強勢的市場化傾向，產生的「文化失語」狀態（甘陽語）。

也有人說，九十年代是「學問家凸現，思想家淡出」（李澤厚語）的時代。我們率先組織了「國學叢書」，它的編委會包括王世襄、王利器、方立天、劉夢溪、湯一介、張政烺、張岱年、龐樸、李學勤、杜石然、金克木、周振甫、徐邦達、袁曉園、梁從誡、傅璇琮；編輯部由陶鎧、李春林、梁剛建、葛兆光、王炎、馮統一等人組成，他們在「編輯旨趣」中寫道：「華夏學術向以博大精深著稱於世。降及近代，國家民族多難，祖國學術文化得以一脈未墜，全賴有學見之前輩學人參酌新知，發憤研治。『國學叢書』願承繼前賢未竟志業，融會近代以降國學研究成果，以深入淺出形式，介紹國學基礎知識，展現傳統學術固有風貌及其在當代世界學術中之價值意義，期以成為高層次普及讀物。」

至此，「國學熱」興盛起來。究其原因，有人說，這是對於八十年代「全盤西化」思潮的反擊；有人說，這是五四以來，中國文化傳統的再一次反思；也有人認為，這是在全球化的背景下，國人對於文化多樣性的堅守。

值得注意的是，「國學熱」並不是九十年代文化嬗變的唯一主題，人們所謂的「文化失語」也沒有出現，一個更加商業、多元、俗化、冷靜、中庸、現實的社會形態向我們走來。比如，九十年代中期，我們開始編輯「新世紀萬有文庫」，它劃分為三個子書系，即傳統文化，側重於普及；近世文化，側重於整理與重現；外國文化，側重於拾遺補缺、推陳出新。這中間，有文化的自覺，有傳統的延續，有商業的考量，有啟蒙的內涵，有西化的因素，有調和的形式，有寬容的表現……總之，它是一個反極端的溫和產物。它的主持者沈昌文先生解說，「保存為名，啟智為實」，其中自有一番深意。

顯然，九十年代的文化表現出一種寬容、多元抑或軟弱的氣質，不再咄咄逼人，不再充滿理想主義的浪漫，它甚至為多種文化的交流預留了充分的空間。它還接受了中國學術通俗化的傾向，從南懷瑾的喋喋不休，到蔡志忠的恣意畫風，一直到大陸娛樂化、評書化學者的登堂入室，都得到學院派與嚴肅文化的包容或默認。正是在這樣的背景下，「國學熱」雖然沒有覆蓋九十年代整個的文化歷程，卻在所謂「和而不同」等妥協的狀態下得以生存和延續，一直延續到新世紀，延續到當下。有趣的是，新時代又賦予了國學新的歷史使命，中國經濟的飛速增長與全球化的形勢，讓我們喊出了文化「走出去」的口號。兩年之內，《中國讀本》被翻譯成十餘種文字；數年之中，孔子學院在全世界遍布開來，伴隨著《漢語教材》的及時跟進，我們甚至在國際上找到了出版的盈利空間。

以上，我們在形而上的意義上，談論三十年文化流變。其實還有一條線索不容忽視，那就是流行文化、時尚文化的嬗變。《繫辭》曰：「形而上者謂之道，形而下者謂之器」。「暢銷書」是道還是器呢？說不清楚。我知道它有三個主要的支撐點：一是時尚，二是好看，三是流俗。上世紀八十年代，流行文化的筋脈是瓊瑤、亦舒、三毛、金庸、汪國真、舒婷、……港台文化的新鮮氣息，薰染了我們好長一段時間。那時中國的門戶剛剛打開，田園風光與初露頭角的小資情調交織起來，人們的心緒像電影中的慢動作一樣，激情而笨拙。

到了九十年代，情況有些複雜，以《廊橋遺夢》為先導的西方暢銷書進入中國，接著有《蘇菲的世界》、《英國病人》、《失樂園》、《格調》、《學習的革命》；以劉曉慶《我的自白》為名人傳記的發端，接著有趙忠祥、莊則棟、倪萍、楊瀾、姜昆、宋世雄、吳士宏、王蒙；還有余秋雨、王朔，還有《老照片》，還有比爾•蓋茲，還有早逝的王小波。顯然，九十年代的這一張書單，已經加大了年代的文化變數，也加快了流行頻率，王蒙先生是一位承上啟下的人物，余秋雨帶來十年以上的輝煌，其他的人呢？

新世紀暢銷書的出版情況，看上去更加符合現代流行與時尚的定義。人們的注意力像走馬燈一樣換來換去，二〇〇〇年《第一次親密接觸》、《三重門》，二〇〇一年《我為歌狂》、《哈利•波特》，二〇〇二《幾米繪本》、《誰動了我的奶酪》、《菊花香》，二〇〇三年《幻城》、《我們仨》，二〇〇四年《狼圖騰》，二〇〇五年《達•芬奇密碼》，二〇〇六年《品三國》，二〇〇七年《論語心得》，每年還有一大串暢銷書目、數據、分析、評論，我們的操作，看上去越來越像西方文化的模式，以及《紐約時報》的書評版了。

對於這些書，讀書的行家止庵先生說得好：「什麼書好賣就出什麼書，無可非議；什麼書好賣就讀什麼書，愚不可及。」此語聽起來很有哲理。他把我們的思緒引向另一個重點問題，那就是三十年來，我們的閱讀發生了什麼樣的變化？我們是否可以說，三十年來，我們的閱讀發生了三次重要的變化。第一次是一九七九年四月，《讀書》雜誌創刊。其中登載李洪林的一篇文章，原題為《打破讀書禁區》，范用先生將它改為《讀書無禁區》。這個口號是「閱讀界」思想解放的先聲，它的進步意義無須贅述，它帶來的書業繁榮也在改革開放的前十年充分體現。

第二次是一九八九年四月，《讀書》雜誌刊載柳蘇的文章《你一定要讀董橋》。此文一發爭議頗大，面上是討論董橋文體的問題，深層卻是關於「閱讀」目的性的反思。借用維吉尼亞•吳爾芙《普通讀者》中的一句話：「讀書是為了消遣，而不是為了傳授知識或糾正他人的看法」。這樣的觀點，在後來沈昌文先生編輯「讀書文叢」、「書趣文叢」時，闡釋得明明白白。應該說，這是在閱讀的意義上，又一次思想解放。

第三次是二〇〇三年十一月，《新週刊》的封面上印著幾個血紅的大字「無書可讀」。刊中侯虹斌的主題文章《無書可讀的三種說法》，從二千三百多年前，亞里斯多德與其弟子們的一聲喟嘆說起，列出了一串曠世奇才的名字：達文西、斯賓諾莎、戴震、段玉裁、王念孫、陳寅恪、錢鍾書、顧准……他們在所生的時代，超越了前人的思想，都有「無書可讀」的困惑。遺憾的是，新世紀的「無書可讀」卻不是大師的體驗，而是平民的實踐。我們可以說，這是「分眾」的結果，這是「速食」的結果，這是「功利」的結果。究竟是什麼結果呢？這就是我們出版三十年來追求的結果嗎？

三十年，漫長而充實。即使忘卻了許多東西，還是留下三條線索：文化，暢銷書，閱讀。在文化出版的意義上，這些已經足夠了。首先，文化是出版的命脈，它引領著我們前行的腳步；出版最多是文化的助動者，順應文化潮流，準確地把握文化走向，才是我們得以生存的依據。其次，暢銷書的概念是一個舶來的東西，即使它經過近三十年的嵌入、發展與繁榮，它依然是一個商業概念，不應該讓它引領甚至涵蓋整個出版領域。最後，在閱讀的意義上，暢銷書的繁榮與「無書可讀」的結論，形成了巨大的反諷。它實際上是在提示我們，今日出版的理論與實踐，確實遇到了新時期的挑戰。君不見，當眾多「出版高管」瘋狂地呼喊賺錢、賺錢、還是賺錢的時候，劉杲先生也在大聲疾呼：「文化是出版的命，出版的魂。沒有文化，出版還有什麼意義！」其實兩者都沒有錯，只是前者有些極端地強調「賺錢」的意義，它會讓我們的行為走向「準出版或非出版」的領域；劉杲先生強調「文化堅守」，正是在強調出版的根本或曰命脈。我是追隨劉杲先生的觀點的，因為身處這樣的行業裡，我們經營的產品就是「文化」；離開了文化，我們無路可走，只有改行。這就是我對「三十年文化出版」的認識與結論。

寫到這裡，我的記憶愈發顯得凌亂而無邊際，星星點點，像初春的一陣暴雨之後，林中的樹木鮮綠了，空氣濕潮而溫婉；我們仰起臉，陽光已經醒來，水珠依然滴落。孩子們一定會問：它們來自天上，還是來自樹上？

寫於二〇〇八年

大國學，一門公正與仁愛的學問

說到「國學」，我的思緒一下子被拉到十八年前。那是一九八九年末，一個寒冷的冬天，我在北京一家破舊的招待所裡，拜見《光明日報》評論部的三位記者陶鎧、李春林、梁剛建。我問，近來中國學術界有什麼新動向？他們說，「西學」遇到了問題，會有一段時間的沉寂；但是有人提出，現在正是重提「國學」的大好時機，它可能是未來中國學術復興的機遇所在。我又問，何謂國學？他們說，我們去見幾位專家，見幾位大師。於是，我們一同約見葛兆光、王焱、馮統一，又一同拜見張岱年、龐樸、梁從誡，開始了組建「國學叢書」的工作。

現在「國學」已經大熱起來，熱得家喻戶曉、婦孺皆知。學術界尋找「國學復興」的源頭，還是要提到上面這段故事。因為張岱年先生出任「國學叢書」主編，他寫的序言《以分析的態度研究中國學術》，於一九九一年五月五日發表在《光明日報》上，這正是上世紀末「重提國學」

的先聲。

關於「國學」的定義，多年來一直爭論不休。張岱年先生定義：「國學是中國學術的簡稱……稱中國學術為國學，所謂國是本國之義，這已是一個約定俗成的名稱了。」他的界說大體上沿襲了章太炎、鄧實、吳宓、胡適等人的觀點，中規中矩。更多的定義似繁花或稗草，不勝枚舉。比如，有人考證「國學」一詞的出處，說它在《周禮》、《禮記》中就有了。前者《春官宗伯・樂師》寫道：「樂師掌國學之政，以教國子小舞。」後者《學記》寫道：「古之教者，家有塾，黨有庠，術有序，國有學。」其實這裡講的是「學校」，並非今日意義上的學術與文化概念。

還有人認為，國學就是儒學，就是中國傳統文化的精髓部分；或曰，國學就是當代「中國化的馬克思主義」，云云。還有些學者認為，國學一詞無法定義，錢穆在《國學概論・弁言》說：「學術本無國界。『國學』一名，前既無承，將來亦恐不立。特為一時代的名詞。其範圍所及，何者應列國學，何者則否，實難判別。」陳獨秀的觀點更為偏激，他在《寸鐵・國學》中寫道：「國學是什麼，我們實在不太明白。當今所謂國學大家，胡適之所長是哲學史，章太炎所長是歷史和文字音韻學，羅叔蘊所長是金石考古學，王靜庵所長是文學。除這些學問外，我們實在不明白什麼是國學？」國學這一名詞，「就是再審訂一百年也未必能得到明確的觀念，因為『國學』

本是含混糊塗不成一個名詞。」

季羨林先生歷來反對上面的爭論。他說，國學是一個俗成的概念，除了「腦袋裡有一隻鳥的人」（德國俗語），大概不會再就這個名詞吹毛求疵。但是季先生並非不考慮這個問題，今年三月，季羨林先生九十五華誕之前，在醫院中接受採訪，就提出「大國學」的概念。他說：「國學應該是『大國學』的範圍，不是狹義的國學。國內各地域文化和五十六個民族的文化，就都包括在『國學』的範圍之內。地域文化和民族文化有各種不同的表現形式，但又共同構成中國文化這一文化共同體。」算是一種大一統式的「文化調和」。

我覺得，對於國學概念的解釋，龐樸先生的意見比較客觀。他認為，在西學傳來之前，國學是指中國所有的學問；而我們今天的國學，是相對於西學而言的，具有時代的特徵。一般說來，今日意義上的國學概念，大約只有一百多年的歷史。正如前些天，我們請陳平原先生撰寫《中國人》。他說，我不能寫「五千年的中國人」，因為只是在一百多年來，伴隨著近現代世界文化的交流，才有了今日意義上的「中國人」的概念。

在我國的近百年間，曾經出現過兩次「國學熱」，一次是上世紀初，再一次就是今天。總結起來，它們都與西方文化進入以及中西文化的碰撞有關。第一是鴉片戰爭以後，中國人在失敗的反思中，由「師夷長技」漸入學術文化上的「中學為體，西學為用」，讓中國知識分子產生了巨大的精神危機。顧炎武指出：「國有學則國亡而學不亡，學不亡則國猶可再造；國無學則國亡而學亡，學亡則國之亡遂終古矣。」此觀點喚起眾多精英人物，他們為「本國故有學術文化」的拯救與再造獻計獻策，由此產生了相對於西學的新「國學」概念。在上世紀初的三十餘年間，「國學熱」風起雲湧，一代大師、宗師紛紛顯世，形成中國近現代學術史最輝煌的時期。

第二個重要時期就是上世紀末興起的「國學熱」了。這一次的社會背景是文革結束後的改革開放，國家的門戶一開，湧進來的不單是強大的西方經濟，還有趾高氣昂的西方文化。再一次西學東漸，再一次文化啟蒙，打破了中國知識界的沉寂，思想的枷鎖一下子解放開來。有趣的是，歷史的循環再造了上世紀初的境況。當文化的開放、引進、學習，逐漸衍生出「全盤西化」等極端情緒的時候，文化的裂變再一次降臨，它重重地撞擊了中國知識分子的胸膛，也使他們在迅速地陷入沉思之後，再一次迅速地找到精神依託：國學。上述張岱年先生的工作只是一個「先聲」，國學真正的熱潮發生於一九九三年，《人民日報》的兩篇文章《國學，在燕園又悄然興起》（三月十六日）和《久違了，國學》（前文發表兩天後），作為一種文化潮流的發端，大範圍地激活了新時期的國學研究。

應該說，上世紀九十年代興起的國學研究是思想解放的深化，許多當初不敢想、不敢說、不敢做的問題，現在被擺到桌面上來。像文化的多樣性問題，這是國學復興的思想根據。西方學者湯恩比說：「文明的河流不止西方這一條」。他總結人類歷史，列出了二十三個社會文化形態：西方社會，東正教社會，伊朗社會，阿拉伯社會，印度社會，遠東社會，古希臘社會，敘利亞社會，古印度社會，古代中國社會，等等。季羨林先生說，還可以將世界文化劃分為四個文化圈：歐美文化，閃族文化，印度文化，中國文化；而第一個文化圈構成西方文化體系，後三個文化圈共同構成東方文化體系。有了這樣的類分，我們才有了探討國學的依據和底氣。

還有文化的主導性問題，西方學者一直強調西方文化的優越性，強調他們是世界文化的主導。但是，季羨林先生說，雖然目前是西方文化統治著世界文化的主流，但東西方文化的關係是「三十年河東，三十年河西」。所以在一九九三年，季先生預言：「只有東方文化能拯救人類」。此前，湯恩比與池田大作的對話中也說過：「將來統一世界的人……要具有世界主義思想……世界統一是避免人類集體自殺之路。在這點上，現在各民族中具有最充分準備的，是兩千年來培育了獨特思維方法的中華民族。」池田答道：「從兩千年來保持統一的歷史經驗來看，中國有資格成為統一世界的新主軸。」一九八四年，張光直先生也預言：「我預計社會科學的二十一世紀應該是中國的世紀。」因為中國古代文明是一個連續性的文明。

這些大學者的判斷是有根據的。它涉及到國學的本質問題，也就是說，為什麼中國文化能夠主導未來的世界？因為其中蘊含著許多人類思想的精華。馮友蘭先生就說，基督教講天學，佛教講鬼學，中國文化講的是人學。關於人的倫理道德，關於理想社會人與人的關係，關於人與自然的關係。對此，陳寅恪先生的解說最受肯定：「吾中國文化之定義，具於《白虎通》三綱六紀之說，其意義為抽象理想最高之境，猶希臘柏拉圖所謂Idea者。」「三綱六紀」是倫理道德的準繩，是人的知與行的法則。其中許多內容都是其他文化中所沒有的，像「孝」，季羡林先生指出，原來佛教中講的是無父無君，沒有絲毫的倫理色彩；但為了在中國立定腳跟，只能歪曲佛典原文，羼入「孝」字，求得生存。還有「天人合一」，它是一個歷久常新的觀點，錢穆先生說，它是「整個傳統文化思想之歸宿處」。季羡林先生說，它是「有別於西方分析的思維模式的東方綜合的思維模式的具體表現」。

這就是我們美好的國學。十八世紀，西方著名作家伏爾泰讀到中國的書，對中國文化極其崇拜，他供奉著孔子的畫像，他說：「中國是世界上最公正、最仁愛的民族」。這不正是對國學最好的定義嗎！

寫於二〇〇七年

孔子曰——中華文明全球化的標牌

前不久，我們請幾位專家討論文化「走出去」的問題，座上有龐樸、陳樂民、資中筠、沈昌文、孫機、陳冠中、于奇、查建英、錢滿素。我們說，為了向外國人介紹中國文化，我們已經出版了蘇叔陽《中國讀本》，並將它陸續譯成英、德、俄、朝、蒙等十餘種文字。我們還在請趙啟正寫《面對外國人》，請陳平原寫《中國人》，請蘇叔陽寫《西藏讀本》，請王元化主編《認識中國》等等。我問：還應該做些什麼呢？

這是一個熱門話題，大家七嘴八舌講個不停。來自香港的學者陳冠中先生的發言，讓我思索了很久。他說：「要想向外國人推介中國文化，你首先要知道外國人怎樣看待中國文化。然後，我們的工作才能做到有的放矢。」他接著說：「你知道在外國人的頭腦中，哪一個中國人最有名？當然是孔子。比如，他們在說到中國古代的一些名言、佳句的時候，經常會認真地抑或調侃地在前面加上一句『孔子曰』（Confucius says），甚至也不管那句話是不是孔子說的。我覺得，針對這種現象，倒可以真寫一本《孔子曰》。」

這真是一個好主意。我由此聯想到眼下世界各地迅速創建的「孔子學院」，聯想到一九九九年美國蘭登書屋出版的《孔子住在隔壁：東方在教導我們西方應如何生活》，也想到前些年羅文演唱的那首怪怪的流行歌曲《孔子曰》。不過，我更想知道的是，作為中國文化的代表，孔子在西方人的心目中究竟是一個什麼樣的形象呢？

說起來，孔子對於西方的影響確實不小。最近讀到一本好書，題曰《中西文化交通史》（嶽麓書社），繁體豎排，有一千多頁。作者是方豪神父。我正在慢慢地閱讀全書，其中第四篇第十三章「中國經籍之西傳」，我卻挑出來，一口氣把它讀完。它講的是明末清初之際，「東學西漸」的一段歷史。那景象是極其壯觀的，大批西方著名學者參與進來，大批中國典籍被翻譯出去，諸如《四書》（利瑪竇，拉丁文，一五九三）；《五經》（金尼閣，拉丁文，一六二六），《大學》、《中庸》、《論語》（殷鐸澤、郭納爵，拉丁文，一六六二—一六六九）；《四書》《孝經》、《幼學》（白乃心，義大利文，一七一一，一七八六又譯為法文），白乃心還寫了一本《中國雜記》；《孝經》、《幼學》（衛方濟，拉丁文，一七一一，後又譯成法文），同時衛方濟著《中國哲學》。到了雍正、乾隆年間，中籍西譯的事情繼續進行。

單從數量上看，那一輪「走出去」也讓人敬佩。尤其是這些譯著的翻譯質量也不容低估，有那樣一些西方學者的主持，再加上當時中國皇帝的大力支持，比如一六九三年，法國科學院院士白晉就曾經受康熙之託，將四十九冊中文書送給法國路易十四國王；他還遵循康熙的旨意研究《易經》，寫成《易經總旨》（見萊布尼茲《中國近事》，一六九七）由此形成的文化交流，很有規模和陣勢。

說起來，這一番「熱鬧」發生的原因也有些蹊蹺，方豪神父寫道：「介紹中國思想至歐洲者，原為耶穌會士，本在說明彼等發現一最易接受福音之園地，以鼓勵教士前來中國，並為勸導教士多為中國教會捐款，不意儒家經書中原理，竟為歐洲哲學家取為反對教會之資料。而若輩所介紹之康熙年間之安定局面，使同時期歐洲動盪之政局，相形之下，大見遜色；歐洲人竟以為中國人乃一純粹有德行之民族，中國成為若輩理想國家，孔子成為歐洲思想界之偶像。」

就這樣，孔子的名聲在西方世界迅速地傳揚開來。在比較文化的意義上，西方人總願意把孔子與他們的一些人物、學說對照起來，用以說明在西方文化之外，還有一個「另類文明」的樂土，它們在某些方面，甚至有勝於基督教文化的社會。比如，他們認為，在人類的歷史上，有三個值得尊敬的偉大人物，他們都沒有留下自己「親筆」的作品，但是他們都有一部與之密切相關的著作，對人類文明產生了重大影響。其一是孔子，以及由他的學生在他去世後撰寫的《論語》；其二是蘇格拉底，以及由他的學生柏拉圖在他被處死以後撰寫的《對話錄》；其三是耶穌，以及由他的門徒在他被釘上十字架後幾十年裡完成的《福音書》。

在內容上，孔子的學說也讓西方人感到震驚。耶穌曾經說過：「你們想讓別人怎麼對待自己，就應該怎麼對待別人。」這句話是西方道德規範的「黃金律」之一。但是，當羅馬傳教士來到中國，看到孔子的名言「己所不欲，勿施於人」的時候，他們感到目瞪口呆，因為耶穌比孔子要晚整整五個世紀！至今，德國柏林得月園的入口處，還矗立著兩米多高的大理石孔子塑像；塑像花崗石的基座上，正是刻著「己所不欲，勿施於人」這句名言。

更進一步，西方人也試圖將孔子的學說納入他們的認知體系。像義大利的利瑪竇，他稱孔子的哲學是「道德哲學」。他在《基督教遠征中國史》（一六一〇）一書中寫道：「孔子的自制力和有節制的生活方式使他的同胞斷言，他遠比世界各國過去所有被認為是德高望重的人更為神聖……孔子的這九部書（注：四書五經）構成最古老的中國圖書庫，它們大部分是用象形文字寫成的，為國家未來的美好和發展而集道德教誡之大成，別的書都是由其中發展出來的。」

德國的雅斯培把孔子的學說稱為「歷史哲學」，他是從「述而不作，信而好古」這句話中得到的結論。他說：「這種哲學把自己等同於古代的傳統……猶太預言家昭告上帝的啟示，孔子昭告古代的聲音。」（《大哲學家》一九七五）

還有，康德說孔子是「中國的蘇格拉底」；黑格爾說孔子哲學是「中國的國家哲學」；斯賓格勒說孔子是「像畢達哥拉斯和巴門尼德、像霍布斯和萊布尼茲一樣的政治家、統治家和立法家」；威爾斯說「孔子的教導集中於一種高尚生活的思想，他把這種思想集中表現為一種標準或理想，就是貴族式的人——君子。」伏爾泰乾脆在家中供奉了孔子畫像，朝夕膜拜。托爾斯泰在日記中寫道：「一八八四年三月十一日。孔夫子的中庸之道——是令人驚異的……這是智慧，這是力量，這是生機。」

當然，事情的發展都具有兩面性。在那一輪「東學西漸」中，西方對於中國的認識，也產生了大量的曲解、誤解、不解，甚至歪曲、醜化的觀念。比如，伏爾泰太熱愛中國文化了，所以他在讚揚孔子的時候，不由自主地加入了一些文學的想像。他寫道：「在他的書裡，我們看不到格調低下的文字，也看不到荒謬的諷刺。孔子有五千弟子，他其實滿可以作為一名強有力的派別首領，但是，他寧願去教導人們，而不是去統治人們。」

更為有趣的讚揚出現賽珍珠的筆下，她說孔子影響了她的思想、行為和個性，孔子是她人生的參照系。她聽到林語堂說，與西方文化比較，中國是一個女性氣質的國家。賽珍珠立即說：「我肯定，這一特性是受孔子思想的影響。」當談到孔子的那句名言：「唯小人與女子難養也」時，她說：「孔子對婦女評價不高，我敢說，這是由於有一個專橫的、傲慢的妻子的緣故。」

還有很多更為不良的評價，孟德斯鳩就說：「雖然中國人的生活完全以禮為指南，但他們卻是世界上最會騙人的民族。」亞當・斯密說，中國人不理解外貿的意義，他們認為外國人跨海而來，是到中國乞討。大衛・休謨甚至說，中國的科學進步如此緩慢，正是由於孔夫子那樣的先生，他們的威望和教誨遍布於中國的各個角落，後輩們沒有提出異議的勇氣。

康德的話更讓人難為情，他說：當你在中國購買一個瓷罐時，如果你指出這是一個造假的作品，「中國人並不感到羞愧，只是嘆息自己手藝的不高明。」康德儼然是一個中國通，他說在中國，有學問的人都不剪去左手的指甲；女人們整天低垂著眼瞼；商人往出售的雞嗉子裡填沙子；他們用餐時，所有的飲料都熱著喝，包括葡萄酒，可飯菜卻吃涼的；一頓飯要吃三個小時；人們棄嬰不違法，等等。

最讓人難過的評價見於那位大哲學家黑格爾，他在《哲學史講演錄》中寫道：「《論語》中所講的是一種常識道德，這種常識道德我們在哪裡都能找得到，可能還要好些，這是毫無出色之點的東西。孔子只是一個實際的世間智者，在他那裡思辨的哲學是一點也沒有的——只有一些善良的、老練的、道德的教訓……我們根據他的原著可以斷言：為了保持孔子的名聲，假使他的書從來不曾有過翻譯，那倒是更好的事。」

注意，上面對於中國文化的言論，無論是褒揚還是貶損，都有其認識的道理。問題的關鍵是這些言論產生於西方文化的主流體系，它們的影響是很大的，有時是久遠的。近年來，不是還有某位西方政客在散布「中國煮嬰論」麼。應該說，讓西方人真實地瞭解中國的昨天、今天和明天，我們還有許多事情要做；而孔子是中國文化「走出去」的一個「眼」。對西方人而言，他們由孔子而探測中華文明的堂奧，如「管中窺豹，可見一斑」；對中國人而言，「孔子曰」實在已經成為中華文明走向世界的一塊標牌，就像一個知名商品的商標一樣，它需要得到品牌擁有者的愛護與培育。正所謂「歷史的印跡需要修正，現實的中國需要說明」，這些都是我們深化改革開放的時代責任。

寫到這裡，我的耳邊不由得又響起前些年羅文演唱的那首充滿諧謔的《孔子曰》，其中那段伴唱咿咿唔唔，在耳鼓間揮之不去。歌云：「孔子曰非禮勿視，孔子曰非禮勿聽，孔子曰非禮勿言，孔子曰非禮勿動。」

寫於二〇〇七年

山谷間，飄來幾隻繽紛的彩蝶

二〇〇七年，科學出版社出版一套「科學文化」隨筆集六冊，名曰「火蝴蝶文叢」。看到名字，我的心裡自忖著：真是難為幾位「科學文化人」，竟然聚合在這樣一個「類言情」的名下。當然，沒有「鴛鴦」，否則更會遭來那些科學主義者的唾罵，說他們是反科學、偽鬥士什麼的，聽起來就讓人發抖。

有什麼辦法呢？文叢的主持者江曉原、劉兵兩位教授，從來就不是循規蹈矩的人。比如江先生，他的第一部學術專著《天學真原》是由我出版的，這也是他早年的成名之作。江先生用功最勤，涉及領域極多，處處異響旁出，不落窠臼。《天學真原》即為一例，此為「國學叢書」之一部，在開列學科目錄時，請他撰寫「古代天文學」。他當即指出，「天文學」是一個科學概念，對中國文化而言，它不足以概括古人天象研究和活動的全部內容。所以他提出，應該將此科目改稱「天學」，以求更全面地揭示歷史之本來面目。此「一字之差」引導了一代學術新風，也是《天學真原》被譽為學術經典的重要因素之一；由此也可以看到江先生不閾成見、不諱觀點的性格。

劉先生也不是安分之輩。記得在一九八七年夏天，我以出版人的身分，到廈門大學參加一個科學史會議。會上見到一些年輕學者，他們許多還是研究生，劉兵就是其中之一。那一群人很有朝氣，在廈大美麗的校園內飄來飄去，招來一些老學者的側目；時而在會上與前輩們爭論不休。我隱隱約約地覺得，劉兵是他們自發擁戴的「頭兒」。後來我們有信件往來，他成了「超導史研究」的專家，並且不斷有新見解、新成果推出。一九九〇年，我們出版「國學叢書」，我見到江曉原的專著《天學真原》竟然請年輕的劉兵作序，而且那序寫得真好，其中闡釋的「輝格解釋」的理論，在學術界轟動一時，我也從中受益匪淺。再後來，我還專門寫過一篇文章《我記得，這三篇文章或書》，回憶當年讀《天學真原》和劉兵序時的感受。我由此認定，江劉二位都有不小的才氣，且氣味相投。

近年來，在我的閱讀視野中，江劉二位愈發「不規矩」了。他們在《文匯讀書週報》開一個專欄「南腔北調」，二人用「對話」的方式一唱一和。專欄一開就是四年，你一句我一句，也就愈發不像文章了。不過，時常聽說他們在學術圈裡，正在推動著一個重大的科學文化討論，那問題的濫觴也與《天學真原》有一些關聯。偶然見到江曉原，我有意問他近況如何？在做什麼？他卻用一貫瀟灑的態度說，大量時間都用在淘碟、看碟上。聞此言，我還有些不解，在我的觀念中，只有那些閑居的人、無聊的人、多愁善感的人、事業不順利的人等等，才會做這樣的事，用來「浪費」自己的時間。他卻表情詭異地解釋：「是啊，有些時候，時間就是用來浪費的（吳燕語）。」

這次翻閱「火蝴蝶文叢」，我才豁然醒悟，原來江劉二位的行為都是圍繞著一個大背景展開的，那就是關於「科學主義」的討論。這是一個很學術的問題，在中國，有幾個陣營都為此拚殺著。他們究竟拚什麼呢？用淺顯的話解釋，近現代以來，由於科學技術給人類社會帶來的飛速發展，使人們產生了「科學崇拜」的觀念，好像科學是一貫正確的、一貫美好的，我們的一切事情都需要用科學的尺子量一量，包括歷史的、現實的和未來的，合乎標準的是好的，否則就要從人類文明中剔出去。像中醫學，它的知識體系明顯地不符合現代意義上的科學的範式，所以五四以來，隨著「賽先生」的強勢，「廢止中醫」的呼聲一直就沒有停止過。

針對這種現象，「火蝴蝶文叢」的六位作者站在「反方」的立場上，堅決反對「唯科學主義」的觀點，努力闡釋著「科學崇拜」對於人類社會的嚴重危害。綜觀「文叢」的思想體系，他們共同的知識背景是「科學哲學」，閱歷的相似性與認識的一致性，使他們彼此的論述絲絲相扣、首尾相連。另外，六位作者文化好惡、學術風格、思維走向等諸方面的差異，又使他們的寫作表現出豐富的多樣性和個性情懷。因此，當我們通讀「火蝴蝶文叢」的時候，腦海中自然地展現出「和而不同」的思想坦途。

在書中，江曉原講述了這樣一個故事：今天科學技術的高速發展，就像一列特快列車一樣風馳電掣。我們坐在上面，開始是快樂的，如同《鐵達尼號》中站在船頭迎風展臂的那對青年男女。但人們逐漸地發現，我們對於這列「特快列車」的車速和方向都沒有任何的瞭解和發言權，也沒有控制權；列車越跑越快，窗外的景色令人眼花撩亂，我們只能茫然地坐著，就像被劫持的人質一樣。細細思想，那景色是極其恐怖的，怎麼辦？（見江曉原《我們準備好了嗎：幻想與現實中的科學》）

在書中，文字優美而充滿激情的田松無意間回答：無論如何，我們首先要做的應該是停下來；至少，我們應該慢下來，「讓我們停下來，唱一支歌吧」。他甚至寫道：「本書獻給我的女兒田知雨。我悲觀地預言，人類文明的最後階段會在她這一代降臨。希望她這一代的人類能夠停下瘋狂的腳步，找到新的生活方式和意義，並為之歌唱。」可是，面對當下科學技術的強勢，田松的呼號有用嗎？怎樣才能使科學技術的「特快列車」停下來呢？（見田松《有限地球時代的懷疑論：未來世界是垃圾做的嗎》）

在書中，當二〇〇七年二月，中國科學院發出《關於科學理念的宣言》時，劉兵讚揚它的進步意義。比如，其中說當科學技術的研究產生負面作用的時候，科學工作者就要自覺地「暫緩或終止相關研究，並及時向社會報警」。有的科學家不理解，認為科學研究是崇高與自由的事情，不應該受到限制。劉兵說：《宣言》中的一些限定，「恰恰是關於科學家的社會責任感和很基本的社會倫理的標準要求」。其實劉兵正是在說明，我們起碼已經開始了使那「失控的列車」停下來的努力。（見劉兵《面對可能的世界：科學的多元文化》）

寫到這裡，你可能會問：你不是說江曉原在淘碟、看碟嗎？噢，是的。但江先生看的影碟集中在「科幻電影」上，他一年看了一百多部，兩年之內看了數百個小時；他的這本書就是圍繞著「影碟」的內容展開論述的。他在影碟中讀出了許多新鮮的認識和尖銳的學術問題，首先，西方的科幻就比我們的定義要寬泛得多，其中包含著魔幻、玄幻、通靈、驚悚等許多內容。其次，科幻也不同於科普，前者是以幻想為主，後者是以科學為主。其三，西方的科幻中充斥著大量的所謂偽科學的內容，在觀眾那裡，科學歷來就有些乏味，偽科學卻常常讓人興致勃勃，是最受導演青睞的影片題材，其「幻想」的價值也不容低估。其四，中西文化比較，江先生發現，在中國的傳統之中，除了《閱微草堂筆記》中「慘綠袍」的故事之外，你幾乎見不到描寫恐怖的作品。其五，江先生還發現，在儒勒•凡爾納之後的近百年間，為什麼西方的科幻作品，幾乎清一色都持有一種科學悲觀主義的態度？幾乎所有的故事都是圍繞著科學狂人、科學對於人類和自然的危害這一類主題展開的。即使是丹•布朗那樣偉大的作家，他的思想主題依然是將天使對應宗教，魔鬼對應科學。其六，有些幻想也不能輕易地判定為「偽科學」，《羚羊與秧雞》中描述的「器官動物」，豬身上可以長出六個腎，雞沒有頭，可以在同一處長出十二份雞胸脯或十二份雞腿；類似的事情，今天的科學家不是已經創造出來了嗎？

更讓我震動的是，江曉原通過淘碟、讀碟，重新定義了一個文化人的行為和知識結構。蔣勁松博士給江曉原的信中寫道：「給大家開個『必看影單』。這實際上可能是要改變大家心目中所謂『讀書』的概念，不僅要讀書，而且要讀圖，還要『讀影』，這才是當代文化人全面的文化修養。以至於以後，沒有看過經典科幻影片的人，和沒有讀過《科學革命的結構》的人一樣，都屬於缺乏基本素養者。」這話說得多有分量，多有煽動性，我的心裡立時就有了落伍的感覺。

讀畢江先生的此書，我暗自感嘆，與當年的《天學真原》比照，您真的進步了。您編排了一個迷幻的閱讀體例，彷彿是讓讀者在「蟲洞」中找尋另一個「平行宇宙」。我常說，「導師」對於學生的作用，就像尋找地下水一樣。他們可分為兩類，一類是發現此處有水，就帶著學生一直挖下去，直至見水、修井，甚至終生傍井而息。另一類是發現此處有水，就挖一鍬，作一個記號，告訴學生這下面有水，便又到別處巡遊去了。我覺得，江曉原應該屬於後一類導師，在他的這部新著中，就有大量的觀點，足以讓一個人做數年、十數年甚至更長時間的研究。

還有劉兵，他的這一本書是在討論「科學的多元文化」的問題。翻閱之間，就覺得自己閱讀的思緒無法居於一隅、安靜下來，一個鮮活的學術生靈，扯著你在文化的曠野上飛來飛去。一會兒江南採蓮，一會兒塞外觀雪，有日照三竿的慵懶，也有聞雞起舞的辛勞。由此想到劉兵那一連串花名的隨筆集：劍橋流水、駐守邊緣、觸摸科學……此時，最能表達我感受的卻是《像風一樣》。他說，這個書名的靈感來自張藝謀的影片《十面埋伏》，他最喜歡其中的那句台詞：「像風一樣生活」。在一種靈動的狀態下，表現出思想的豐富性、文化的多元性與學術的矛盾性。我臨風而立，耳邊自然地聆聽著那一縷縷邏輯縝密的聲音。實言之，我無力跟上劉先生飛速流動的思緒，只能從中摘揀出些許閃光的東西，做一點文化情緒的玩味。

好了，「火蝴蝶文叢」中的六本書，每本三十萬字，本本都在談論相關的問題，讓我怵目驚心，讓我放不下來。現在評論，說實話，我已經精讀了江劉的兩冊，剛剛泛讀了其餘四冊。不能怪我，它們可以是一個大學生一個學年的課程，我卻要在一個月中讀完，還要用數千字品評。我只好說，先評到這裡吧，但我勸有興趣的讀者一定要讀下去，讀下去，那時，你的眼前一定會映現出幾隻繽紛的彩蝶，在寰宇間上下翻飛；耳邊也會自然地響起笛卡兒的聲音：「我思，故我在」。

寫於二〇〇七年

品三國，也品美國「制憲紀錄」

自二〇〇五年央視「百家講壇」品三國，易中天名聲大振。讚揚之聲居多，不然也不會引來「反對」者的關注。作為出版人，我們如何看待他呢？沈昌文曾對我說：「易的工作讓我想到西方的房龍。上世紀八十年代三聯出版《寬容》，我就想，當代中國要是能有幾位房龍式的作家該多好。」

房龍寫過很多通俗作品，仰譽世界。上世紀二十年代，曹聚仁讀到《人類的故事》，後來他說：「這五十年中，我總是看了又看，除了《儒林外史》、《紅樓夢》，沒有其他的書這麼吸引我了。我還立志要寫一部《東方的人類故事》。歲月迫人，看來是寫不成了；但房龍對我的影響，真的比王船山、張實齋還深遠呢！」林微音譯房龍《古代的人》，郁達夫在序中寫道：「實在巧妙不過，乾枯無味的科學常識，經他這麼一寫，讀他書的人，無論大人小孩，都覺得娓娓忘倦了。」《寬容》是房龍的成名作，它開篇引敘馬庫斯的話：「我們為何不應和平、和諧地相處呢？」後來，河北教育出版社推出房龍的十幾部作品，其中也包括《寬容》，名字譯為《人類的解放》。

從易中天的工作中，我也想到一個人：台灣南懷瑾。他的書不用介紹，早就火得婦孺皆知。他寫於一九七六年的《論語別裁》，在台灣再版十八次；上世紀八十年代，復旦大學出版社引進此書，記得一位復旦的知名教授送我一套，他還解釋說：「這不是學術著作，但挺好看。」我明白他的意思，此類書是不被學術委員會承認的。

房龍—南懷瑾—易中天，一段自作多情的聯想，權作幾個出版人的一點文化期待吧。

以上說的是本文標題的前一句，現在說後一句。今年一月三十一日，《中華讀書報》刊載尹宣文章《易中天先生，如此著書當否？》，卻引起我一點注意：我最先注意的不是易中天，而是我們熟悉的尹宣。早在一九九六年，沈昌文就把他介紹給我們，說他是好得不得了的美國問題專家；後來，我們接受了他的譯作《辯論：美國制憲會議紀錄》（麥迪遜著）。這是一部公認的經典著作，稿子剛一到手就好評如潮，李慎之、資中筠……一串的專家都送來讚揚之聲，甚至主動要求為之寫評論、推介文章。我們把它列入遼寧教育出版社「萬象書坊」中，與《甘肅土人的婚姻》（費孝通、王同惠譯）、《埃斯庫羅斯悲劇集》（陳中梅譯）、《從蘇聯歸來》（鄭超麟譯）等著作比肩。因為我們知道它在美國制憲史中的分量，也想到百廢待興的中國需要瞭解、借鑑這些東西；我們更知道這不是一部簡單的譯作，尹宣為之投注了巨大的精力和智慧。他為了翻譯這部著作，先是花費了四個月的時間翻譯《美國憲法》和截至一九九二年的二十七條修正案。他說：「有些句子的結構，有如九曲連環，有的關鍵詞，不僅有前置的限定詞、後置的限定短語、又是還拖上不止一個後續的限定分句或條件分句。」後來尹宣讀到李昌道的《美國憲法縱橫談》，知道復旦大學法律系已經收集到國內先後出現的十二種美國憲法的譯文，並據此譯出他們的第十三種譯文。這是多麼讓人感動的學術精神。還有，尹宣為了讓讀者清楚地看到當時制憲代表對於《獨立宣言》的種種爭論，他也重新翻譯了《獨立宣言》，「把引起爭議的原文注出，作為本書的附錄一。」總之，譯者類似的精心工作在書中隨處可見，許多章節的注釋文字遠遠多於正文，有些頁面的形式，幾乎讓人想到《十三經注疏》。難怪尹宣說：「《辯論》漢語譯文初版，只署『尹宣譯』，再版時，要改成『尹宣譯注』：我為此書寫了六百多條注釋，構成上、下兩本書的格局；注釋是此書的重要內容，佔有相當篇幅，說明以示負責。」

二〇〇三年，一部經典的學術譯著產生了。尹宣驕傲地說：「麥迪遜的作品是經典，是精品，我譯時，認定它難以暢銷，但必定長銷，只要能在智者之間漸行漸遠，哪怕藏之名山，也會存之久遠。」他的判斷很對，就在我寫此文時，恰好一位年輕的法學博士來聊天，他看到我的辦公桌上擺著《辯論》，感慨地說：「前些天同學聚會，還有人驚嘆，遼教社竟然會出版這樣的法學名著。」

再回到尹宣發表於《中華讀書報》上的那篇文章。不久前，尹宣果然發現了期盼中的「智者」，他就是易中天。二〇〇四年，易先生說：「令人高興的是，二〇〇三年一月，遼寧教育出版社出版了由尹宣先生翻譯的美國『憲法之父』詹姆斯•麥迪遜所著《辯論：美國制憲會議紀錄》一書。麥迪遜的這部《辯論》紀錄了一七八七年五月廿五日至九月十七日制憲會議的全過程，自始至終，一天不缺；尹宣先生的譯筆又好，且注釋極為詳盡，因此讀來不僅歡快流暢，而且驚心動魄，受益良多。」聞此言，大家都會高興。尹宣高興找到知音，出版社高興有人讚揚我們的工作，讀者高興有好書可讀。但事情沒有那麼單純，因為易先生的這段文字見於他的一部著作的後記，他接著寫道：「所以我實在忍不住要把這個故事重講一遍，以便有更多的人來分享這種感受。重講的原因，是因為尹宣先生翻譯的這部《辯論》，不但是研究美國憲法和歷史的重要文獻，而且是一部標準的學術著作，閱讀起來並非沒有一定難度……我一貫認為，學術是一種好東西，好東西就應該有更多的人分享；而要讓更多的人分享，就只能換一種表述方式。這就是我寫作本書的初衷。我想把這段過程，寫得像偵探小說或者電視連續劇一樣好看。當然，為了忠實於歷史，我不能不大量引述《辯論》中的材料……即制憲代表所有的發言，均引自尹譯本《辯論》一書……我希望這並不至於侵犯尹宣先生的著作權。」

不知情的讀者一定會問：這是易先生的什麼作品呢？我一句話也說不清楚，因為此書從二〇〇四年出版至今印了三次，大約用了三個「名字」：《艱難的一躍——美國憲法的誕生和我們的反思》（二〇〇四年第一版），《美國憲法的誕生和我們的反思》（二〇〇五年第一版，換了書號），《我們的反思》（二〇〇六年第二版，換了封面與開本；在封面上，「美國憲法的誕生和」變成了小字，其實與二〇〇五年版同名）。此事看上去有點兒亂，其實「亂事」還不僅於此，首先不悅的是尹先生，他說：「不少朋友勸我做個縮寫本，把譯文和注釋中的重要內容，濃縮拉順，講個好故事……沒想到易中天先生是個快手，招呼也不打，捷足先登，就著起《美國憲法的誕生》來。」接著不悅的還是尹先生，今天誰都知道易先生是講故事的高手，尤其善於運用現代語言解說古代的事情；他的這一套當然也用到「美國制憲故事」中，諸如：「老革命遇到新問題」、「費城不是梁山泊」、「摸石頭過河」、「婆婆媳婦論」，還有「半路裡殺出個程咬金」、「連環扣與防火牆」云云。更有甚者，為了「通俗」，還出現了「防官如防賊」的奇論。對此，一貫舉止文雅、談吐極其講究的尹宣如何受得了。他氣憤但依然文雅地批評易中天的書：「議論部分，往往信口一開，各種各樣的時髦新論，便從嘴裡流淌出來，令人嘆為觀止。」他的風度，讓我想起當年在農村見過的一位很有文化修養的右派，他娶了一位農婦為妻；一次他們發生爭吵，農婦破口大罵，右派只會說：「你看你那個小樣兒，兩隻手白白的。」

再想想，易中天、尹宣都沒亂，他們都在堅持自己的理念；我們卻有些亂了。我想到當年續寫《紅樓》的人們，高鶚還算「可以接受」，其他就多如牛毛、湮沒無聞；當代續寫、改寫、解讀的事情經常發生，李歐梵續寫張愛玲《傾城之戀》名曰《范柳原懺情錄》，也是由遼教社出版；注釋錢鍾書《圍城》的事情曾經轟動一時，云云。如今「品讀」一詞有些出新的味道，讓我們想到房龍、南懷瑾，也聽到尹宣文謅謅的聲音。他引韓愈的話說：「聞道有先後，術業有專攻。」「擔心的就是根柢不足的人，隨意改編，弄得不好，通俗很容易流為庸俗，要是抵不住譁眾取寵的誘惑，搞些不三不四的類比，發些似是而非的議論，可能墮為媚俗。精品可能變成贗品。」於是，法律、道德、學術種種問題都糾纏在一起；在形而上的層面上，還有學術與普及的一次「親密接觸」，只是擁抱時有些衝動和用力過猛，不小心撞到了「大家閨秀」的額頭，讓人家痛得幾乎落下淚來。

寫於二〇〇七年

文化多樣性：左手贊成，右手反對——讀泰勒．考恩《創造性破壞》有感

美國人泰勒．考恩（Tyler Cowen）是一位當紅的經濟學家，也是一位很有文化品味的人。他崇尚的生活方式是，在風光旖旎的巴厘島中，喝著法國紅酒；使用日本製造的音響，聆聽著貝多芬的樂曲；在互聯網上，通過倫敦交易商購買波斯的紡織品；還要去看歐洲人導演、外國資本投資的好萊塢電影……他說，這是全球化與文化多樣性為我們構造的新生活，從現在到未來，這樣的情景會發生在世界的每一個角落。

在這一層意義上，泰勒．考恩先生是促進和保護人類文化多樣性的擁護者。前些年，他還花費了兩年時間，代表美國參加了聯合國教科文組織關於《保護和促進文化表現形式多樣性公約》的起草工作。二〇〇五年二月，這個文件獲得通過。但是，在表決時，美國和以色列投了反對票；當然，考恩本人也投了反對票。他說：「如果是我單獨起草，我寫下的內容會有很大的不

同」。為什麼會這樣呢？其實在很長一段時間裡，有一件事情一直讓我費解，那就是經常聽說聯合國的某某提案，像文化多樣性宣言、京都協議書等，明明白白的好事情，美國卻總是投反對票。為什麼會這樣呢？

近讀泰勒・考恩的名作《創造性破壞——全球化與文化多樣性》，我竟然有了一種恍然大悟的感覺。驀然發現，在一些所謂的「常理」面前，我們與一些發達國家的認識有著那麼多的不同。就說上述那個《公約》的建立，最初，作為美國的代表，泰勒・考恩舉起了左手，他當然贊成聯合國教科文組織關於「保護文化多樣性」的討論，因為這也是他多年來一直關注的問題。但是，當聽到多數代表發言時，他愕然了。代表們提出，全球化不應該是美國化；不同的文化形態沒有優劣之分，應當彼此尊重；我們應當像保護動物多樣性一樣，保護人類文化的多樣性。他們控訴以美國為代表的西方文化對於落後地區文化的摧殘，許多語言消失了，許多特質文化被同質化了，許多傳統的物質文化與非物質文化被改變得面目全非，各國政府應該行動起來，抵制國際貿易無限制、無節制的擴張，甚至喊出「打倒文化帝國主義」的口號。聽著聽著，泰勒・考恩沮喪地舉起了右手，他反對這樣的言論和極端的情緒，因為它們不符合西方經濟學的理性道德標準，其中許多內容與世界貿易組織（WTO）協議是相悖的。

其實所謂的「多數代表」，幾乎包括了除去美國、以色列之外的所有國家。在這樣的氛圍裡，強勢的美國卻更像是一個弱勢群體。我還要問，為什麼會這樣呢？泰勒・考恩的《創造性破壞》正是站在反方的立場上，回答了這樣一些問題。我承認，書中的思考與我們對於文化的理解和道德規範有許多不同，聽到泰勒・考恩的一些論說，一定會有人罵他是「強盜邏輯」；但是，在思想解放、改革開放、全球化的今天，我們確實應該心平氣和地聽一聽他的邏輯。

先從書名說起。「創造性破壞」是一個著名的經濟學概念，它是在六十多年前，由奧地利經濟學家約瑟夫・熊彼得提出來的。熊彼得在他的《景氣循環論》（一九三九）一書中指出，資本主義的發展具有「商業週期」的特性，它不斷地進行著由高到低、再由低到高的「景氣循環」。當它由高峰走到谷底的時候，就需要汰除一些舊的經營者，讓新的競爭者參與進來，進行產業「創新」和對原有格局的「創造性破壞」，從而達到景氣提升和生產效率提高的目的。

近些年，「創造性破壞」的概念在我國頗為走紅。二〇〇二年三聯書店出版一本經濟學文集，就用了《創造性破壞》（方向明）的名字；二〇〇七年七月，人民大學出版社又推出經濟學專著《創造性破壞》（理查德・福斯特等）；再加上本文談論的泰勒・考恩的《創造性破壞》（二〇〇七年一月上海人民出版社），也算是多本書「共用一個書名」的出版奇觀了。好在圖書名字不受《商標法》的保護，不然又會爆發一場商業亂戰。

在這裡，有一個動向值得注意，那就是伴隨著西方經濟的強勢發展，許多經濟學的概念被不斷地神聖化和時髦化，並且不斷地被應用到經濟學之外的領域。泰勒・考恩正是這樣做的，他的書中使用許多經濟學的名詞，談論的卻是跨文化交流的事情。如果僅僅是「借用」倒也罷了，關鍵是他「真的」運用許多經濟學的原理，認真地判斷世界文化領域的是是非非，讓我們產生耳目一新的感覺。以書名為例，泰勒・考恩認為，任何文化的發展，就像資本主義發展的商業週期一樣，不斷發生著由高峰到低谷、再由低谷走向高峰演變。在這個演變的圖式中，它的方法論正是「創造性破壞」。泰勒・考恩說，在全球化的過程中，技術和貿易是一個極好的東西，它使國家、地區和民族間的跨文化接觸和交流成為可能；它毀滅了一些東西，改造了一些東西，破壞了一些東西，同時也創造了一些東西，衍生出一些東西，因為那是一種「創造性破壞」。看到這裡，我不由自主地想起那些年的一個口號：不破不立。「破」字當頭，「立」也就在其中了。只不過他們的基點不同，一個是政治，一個是經濟。

按照這樣的方法論，泰勒・考恩展開了他的文化經濟學的論述。他指出，他的「文化多樣性」思考是站在跨文化或曰跨越社會邊際的立場上，其目的是「創造性地」打破一些落後社會的文化壁壘，為那些窮國的「文化菜單」添加更多的內容，從而實現他們的「文化多樣性」。比如，在各個「本土文化」的目錄中，添上好萊塢、麥當勞、肯德基、《哈利・波特》等等，有什麼不好呢？其實今日美國的強盛與繁榮，也是昨天「添加」外來文化的結果。當然，「添加」的方式不同，帶來的結果也不同，比如，美國對於多元文化的吸納是「大熔爐」式的，加拿大卻是「共存」式的。泰勒·考恩強調指出，無論怎樣做，我們必須嚴格地遵循資本主義的遊戲規則，比如，自由貿易的原則，跨文化交流也必須嚴格遵守「自由選擇」的玩法。所以，他極其鄙視和反對政府資助、干預、限制、封鎖等行為；他暗示，那樣做往往是打著保護本土文化的旗號，有意無意地培育著滋生獨裁、專制、極端民族主義、地方封閉主義、復古主義、破壞世界經濟秩序等現象的土壤。

泰勒·考恩進一步指出，其實貿易全球化帶來的跨文化交流也不是美國人的發明，在人類社會發展的歷史上，這樣的事情一直都發生著。比如，今天的夏威夷，就「本土文化」而言，它已經變成了文化沙漠，甚至「比美國更像美國」；但是，夏威夷被毀滅的所謂「本土文化」，其實也是外來文化的綜合產物，其中包含了太平洋、中國、美國、日本等許多的文化因素。所以，聽到人們指責「貿易全球化的文化入侵，會毀滅窮國的一些本土文化」的時候，泰勒·考恩坦然地回答：那又有什麼關係呢？俗語說「舊的不去，新的不來」，它正符合「創造性破壞」的原理。比如，全球化導致一些語言的消逝，它並沒有影響人類語言的豐富性與多樣性，英語的內涵不是更豐富、更具多樣性了嗎？應當清楚，在走出貧窮、奔向國際化的道路上，一些民族在自願的狀態下放棄了舊有的語言，創新出新的語言環境。像愛爾蘭人，他們已經無法用「蓋爾語」與祖母對話了，這是局部文化的悲劇；但文化發展是需要綜合評定的，況且即使沒有跨文化衝突的發生，人類的語言等文化現象，依然會在自然的生生滅滅中前行。

另外，泰勒・考恩還指出，歷史的經驗證明，凡是跨地區貿易活躍、跨文化衝突激烈的時期，恰恰是文化創新與文化多樣性發展最繁榮的時期；凡是經濟衰退、國家閉關自守的時期，往往是「本土文化」消亡最多、最快的時期。像歐洲中世紀的黑暗，那時的文化哪有什麼多樣性可言？

當然，泰勒・考恩承認，貿易全球化對於文化多樣性的發展，有有利的一面，也有不利的一面；但「有利」是主流。總體而言，其一，它具有創新文化的功能。比如，二戰期間，跨國石油公司將大量的油桶丟棄在西班牙港，結果卻造就了千里達鋼鼓樂隊的產生；海地的一家美國金屬片廠廢棄了，當地人卻用它們的垃圾創造了巫毒藝術；西方先進的縫紉工具使摩拉藝術（一種精美的女士襯衫）名揚天下；先進的電子樂器使頓波樂得到創新和改造，使加勒比海一個小海島成為試驗世界電子音樂的領導者。其二，它具有拯救文化的功能。像音符、唱片、卡式錄音機、電影等技術的廣泛傳播，使古巴音樂、蒙古喉音歌手等沒沒無聞的藝術走向世界；貿易財富的驅動，使已經衰落的波斯紡織品、印度地毯又獲得新生。其三，它具有激勵本土文化的功能，像麥當勞、肯德基的風靡世界，催生出許多本土化餐飲形式的流行，像中國的蘭州拉麵、韓國的

BBQ、日本的料理，等等。其四，它具有發現文化的功能，一些窮國的人們常常不知道本土文化的價值，正是一些商人的發現和資助，才使他們認清了自身的價值。其五，它具有群聚文化的功能，像美國的好萊塢，它不單是美國文化的象徵，更是文化多樣性的一個群聚效應的標幟。其六，它具有經營文化的功能，像台北博物館，沒有商業化，它只有百分之十的文物被展出；在經濟發達的美國，就不會發生這種事情。其七，它具有傳播文化的功能。其八，它具有比較文化的功能……對此，泰勒・考恩的書中都給予了實證性的說明，這也是西方學者一貫的學術風格。

談到不利的一面，泰勒・考恩站在經濟學家的視角，給出了一些讓人震動的文化判斷。其一，他發現在跨文化交流的過程中，「本土文化」常常會出現一種「密涅瓦模式」，這個概念轉引自黑格爾的哲學判斷：「密涅瓦的貓頭鷹只在黃昏才展翅飛翔」。他是說，當富國發現某種窮國文化之初，由於窮國文化核心氣質的存在，吸引富國的投資與文化融合，往往會帶來本土文化的爆發和繁榮；但是這樣的繁榮有點像「回光返照」，隨著文化交流的擴展，這樣的本土文化很快都衰落了。不過，這樣的悲劇只會發生在一些小國、小文化的身上，「一個文化的人口越多，經濟越強盛，被跨文化接觸摧毀的可能性就越小。」其二，結合上面的討論，泰勒・考恩認為，在窮國的本土文化消亡的過程中，真正的受害者不是這類文化的擁有者，而是那些富國的投資者和收藏家。其三，他客觀地討論了「名牌」現象對於文化多樣性的傷害，主要是文化同質化的問題。其四，關於「低俗化」的問題。其五，關於「文化稀釋」的爭論。其六，關於「普世主義」的爭論……

問題很多。泰勒・考恩運用經濟學原理一一加以解構，從而找到問題的癥結所在。比如，同質化問題和低俗化問題的出現，這是由經濟學的「最小公分母」原理決定的。商品經濟所追求的終極理想是用最小的成本獲取最大的利潤，對於文化產品收益而言，「分母」是生產成本，「分子」是受眾的人數。顯然，人數越多，利潤越大。怎樣才能獲得更多的受眾呢？一是追求商品的普世主義，即讓更多的人理解、接受你的內容。比如，美國大片中的英雄主義、個人主義和自我實現的價值觀；風靡全球的打鬥類商業片，像《紅番區》為了進入美國市場，保留了成龍的打鬥場面，卻大段地刪除了成龍與梅艷芳的「愛情故事」，因為美國人不知道梅艷芳，更不理解「中國人對於愛情的義務與忠貞的價值觀，因為它不同於西方人的性愛浪漫」。再一是最大限度地降低作品的文化品味，正所謂「往下笨」（dumping down）。泰勒・考恩非常清楚，由於商業化的鼓動，那些笨拙無比的文化垃圾，像脫口秀、電視遊戲等產生出來；那些毫無文學價值的作品，竟然久久地駐留在暢銷書榜上。這是由它們的商業價值決定的，因為它們的受眾更廣泛，更符合「最小公分母」原則。

那麼，怎樣才能解決這些問題呢？泰勒・考恩認為，出現這樣的事情不能單純地怪罪商業化，主要是「受眾」自身文化素質的責任。他引用沃爾特・惠特曼的話說：「要有偉大的詩歌，就必須有偉大的讀者」。他以精緻的「法國大餐」為例，它之所以能夠長久地保持高超的技藝和品質，就是因為世界上有一些挑剔的、極有品味的食客，他們精緻的消費觀念，直接地保衛著「法國大餐」經久不衰的品質。所以說，文化消費出現上述問題的責任不在國際化與跨文化交流，甚至也不在生產者，而在「消費者」。在自由貿易的前提下，泰勒・考恩將消費者分為粗糙消費與精緻消費兩類，前者是現實的「頻道衝浪員」，後者是理想的、自覺的、業餘的「文化監督員」，再附以職業化的「文化評論員」，他們才真正地決定著文化的品味。

讀到這裡，我敬佩泰勒・考恩的獨出心裁，豐厚的經濟學知識背景，為他的文化訴說增添了許多新鮮的怪味兒。我上面的閱讀筆記還有些一本正經，其實泰勒・考恩的全部思想，遠比這些來得張揚且充滿血肉。比如，他在另一本書《發現你內心的經濟學家》中寫道：「當你走在一個大型畫廊中時，一定會產生一種壓迫感。面對五光十色的展品，你該關注什麼呢？我建議你幻想要偷出其中的一幅最值錢的畫，它能夠很好地刺激你發達的自私性消費主義衝動。你會偷哪一幅畫呢？這樣的想法能使你每次參觀畫廊時都打起精神。」有趣吧，一個西方經濟學家的行為論和藝術觀。

在本書的論說中，他也會流露出一些傲慢與偏激的情緒。比如，針對甘地「抵制英貨」的壯舉，泰勒・考恩諷刺道，從前印度紡織品風靡世界的時候，甘地為什麼不說話呢？何況甘地的這種「愛國行動」，不也是通過西方影片《甘地傳》流傳開來的嗎？還有，泰勒・考恩批評法國人嫉妒美國文化的強盛，因為以巴黎為中心的法國文化已經不再是世界文化的領袖；加拿大人抵制美國文化是出於心理的恐懼與自卑，在外表上，美國人與加拿大人已經完全一樣，加拿大的旅行者只好在背囊上插上一面國旗。

最為尖刻的觀點，見於泰勒・考恩對於窮國的嘲諷。一些悲觀主義者認為，富國的財富會毀滅窮國一些優秀的文化傳統，泰勒・考恩反駁道：「除了理髮、擦鞋或賣淫等行業，窮國要比富國發達，並且服務要比富國好之外，還有什麼？」一個年輕國家，一個暴富國家，一個移民國家，一個文化混雜國家，它的學者能夠說出這樣的話並不奇怪；關鍵是他提醒我們這些發展中國家的人們，應該如何對待和珍愛自己的傳統文化，如何自尊、自愛、自強。當一個國家、一個民族反傳統的極端情緒成為一種時尚的時候，當患得患失的經濟學原理籠罩文化領域的時候，世界主義的暖風徐徐吹來，讓我們的心靈在杭州與汴州、他鄉與故鄉之間徘徊。前些天在網上讀到一首打油詩，讀過之後心中湧起一股怪怪的滋味，不知道那「油」是五味瓶中的哪一味。他唱道：「今人望唐人，唐人望漢簡。漢簡望猿猴，猿猴翻白眼。」（網名：遲鈍的魚雷快艇）幽默，真幽默。

受到泰勒•考恩的誘惑，我趕緊找來約瑟夫•熊彼得的相關資料。我倒不是想學習他的經濟學理論，雖然他與凱恩斯之間有「瑜亮情結」之類的八卦；我只是想看一看，資本主義通過「創造性破壞」和創新等自身生產的動力，不斷革新、不斷進步、不斷發展，最終會走到哪裡去呢？熊彼得說：「資本主義經濟最終將因為無法承受其快速膨脹帶來的能量，而崩潰於其自身的規模」。這莫名其妙的話，讓我驚出一身冷汗！心中不停地念叨著：那文化呢？

寫於二〇〇八年

美妙的烏托邦，醜陋的烏托邦

早在上世紀八十年代，美國人尼爾・波茲曼（Neil Postman）宣稱：美國社會患上了一種不治之症：文化愛滋病。這種疾病正在發作，導致美國文明的倒退，逐漸回到「野蠻世紀」。目前人們還沒有找到治療的方法，因為此「病」不像獨裁者和專制主義那樣容易辨認且遭人厭惡，它往往是滿臉笑容向我們走來，使致病者毫無知覺或心甘情願地受其感染，最終因大笑過度而力衰身亡。這種疾病是由兩種病毒引起的：一是電子傳媒，再一是以電子傳媒為載體的極端娛樂化傾向。

為了闡釋「病毒」的危害，波茲曼寫了許多書。其中有兩本書，光是題目就讓美國人震驚，甚至讓整個世界震撼，一本叫《童年的消逝》（一九八二），他宣稱：以電視為標幟的電子媒體，已經使美國社會喪失了「童年」，而童年的消逝必然導致美國文化的衰落。另一本叫《娛樂至死》（一九八五），他更是大聲疾呼：電視將人類社會全面地娛樂化，人們在歡笑中不再思考，日漸丟掉了精神和思想。《娛樂至死》的封面就讓人深思：一家四口溫馨地圍坐在電視機前，他們只有身軀，沒有腦袋。

先說童年的問題。波茲曼的「童年」定義在七—十七歲之間，但他的述說不僅涉及生物學的範疇，更是一個文化學的概念。他對成年與童年的定義非常奇特：成年是有閱讀能力的人，童年是沒有閱讀能力的人。而社會性的閱讀，只是在活版印刷術發明之後才成為可能。其實早在十一世紀中國的畢昇就發明了活字印刷的技術，他的「活字」是用膠泥製成的；十五世紀初，朝鮮已經有了金屬活字。但這項技術並沒有得到廣泛的應用，正如波茲曼所比喻的，他們造出了「魔鬼」，魔鬼醒來後卻發現，這是一個錯誤的時間和錯誤的地點，便倒頭又睡去了。不過十五世紀中葉，當西方人古騰堡發明活版印刷術後，歐洲文化蜂擁而上，在不到五十年的時間裡，歐洲的一百多個城市擁有了印刷機，印出八百多萬冊書；在不到一百年的時間裡，歐洲已經由中世紀的「全民文盲」，迅速達到百分之五十以上的男性都識字。於是，閱讀有了新的意義。一般說來，成年人的閱讀是開放的；未成年人需要通過識字與閱讀的學習，成長為一個成年人。就這樣，「閱讀」將文化意義上的成年與未成年劃分開來，「童年」的概念也產生了。你可能要問：難道十五世紀以前，歐洲社會結構中就沒有童年嗎？波茲曼說：是的，現代意義上的「童年」，（到上世紀八十年代）只有四百年的歷史。

當然，僅靠「識字」來構造「童年」是不夠的，文明社會還需要通過控制閱讀內容，來保持童年的生命力。也就是規定一個兒童應該知道什麼，不應該知道什麼；或者說，兒童對於成人的行為的瞭解，應該有一個順序。比如，我們首先要對他們進行名譽感的教育，然後讓他們逐漸知道社會的複雜性；還要對他們進行羞恥心的教育，讓他們學會對「原始衝動」的控制，然後才讓他們知道更多與性相關的秘密。總之，童年存在的重要基礎是對成年的神秘感與敬畏感，正如成年人的另一個定義寫道：所謂成年，就是生活中的一切謎（尤其是性）都已經解開了。如果童年就與成年一樣沒有秘密，或自發地、不分先後地、隨意地解開這些「謎」，這在生物學和文化學的意義上都是危險的，同時必將埋葬人類的童年。

怎麼辦？波茲曼是「紙製書閱讀」的崇拜者。他認為，「紙製書」是最好的媒體，它既解放了人的個性，同時書籍「有限傳播」的屬性，也可以做到對未成年人閱讀內容的控制。在學校和家庭中，規定他們應該讀什麼，不應該讀什麼，從而實現知識與成長的良性結合，劃清成年與童年的界限。

如果西方文化按照波茲曼的描述走下去，產生於十六世紀的「童年」是不會消逝的。但是十九世紀中葉，情況發生了變化。隨著人類第一封電報的發出，電子媒體誕生了。它是「第一個使信息傳播速度超過人體速度的媒介」，同時它也宣告了「紙製書」一統天下的結束。接下來的一百年，是電子工業和信息技術大熾的時代，尤其是電視的出現，迅速地化解了波茲曼的分析。首先，「識字」不再是認知的屏障，什麼人都可以津津有味地坐在電視機前「認真閱讀」，品頭論足；正如蕭伯納看到百老匯五光十色的燈光時所言：「如果你不識字，這燈光無疑是美麗的。」其次，對未成年人閱讀內容的限制也不攻自破，電視肆無忌憚地揭開了成人所有的文化秘密，諸如：出身好萊塢的羅納德・雷根從來沒寫過文章，也沒有什麼思想體系；但在電視上，那些傻乎乎的政治家根本不是他的對手。他甚至在大選中公開說：「政治就像娛樂業一樣。」這樣的政治還有什麼名譽感可言？至於性問題就更加混亂了，諸如「請不要走開，廣告之後我們談一下亂倫的問題」一類的話語，幾乎成了美國電視上的口頭禪，「它使美國人長期處在性亢奮的狀態，並且強調性滿足上的平等主義。」作為一個文明國家，波茲曼氣憤地說：「懺悔室裡的交流，都恬不知恥地成為公開的話題。」就這樣，電視摧毀了美國人的「童年」。如果說，這種「消逝」還只是在文化學的意義上，那麼波茲曼還發現：在生物學的意義上，童年的概念也在萎縮。在近一百年裡，美國女性的青春期每十年大約提前四個月；也就是說，一九〇〇年女性初潮期平均年齡是十四歲，而一九七九年就是十二歲了。這難道是與同時發生的「信息技術革命」巧合嗎？

童年消逝了，接著的問題進一步惡化。出版《童年的消逝》三年後，波茲曼在《娛樂至死》一書中，又發出更為恐怖的預言：信息技術革命所帶來的副作用，不但使美國人丟失了童年，還將使他們丟失全部思想和精神的生命。這本書的寫法，不再像《童年的消逝》那樣關照歷史與文化的流變，不再條理清晰地沿著理性的路徑娓娓到來。在衝動的情緒下，波茲曼列舉了大量的例證，用以說明一個道理：電視只有一個聲音——娛樂的聲音。它外在的因素是商業化與收視率，內在的因素是電視本身的表現形式，就是一種以娛樂為目的的文化。由於我們在沒有認清電視的本質時，就試圖利用電視的娛樂功能輔助於各行各業的事情，結果紛紛落入娛樂化的圈套，被轉化為娛樂的附庸。大量的「文化悖論」被衍生出來，比如：新聞的價值取決於它帶來多少笑聲，因為「只有娛樂才有新聞」；尼克森「水門事件」的暴露，是因為他的電視形象太像一個說謊者，引起了人們的疑心；一個播音員因為長相不好影響了收視率，結果遭到解雇（波茲曼說，他由此想到野蠻社會，帶來壞消息的人將被驅逐或殺掉）；一個人的心臟手術在五十多家電視台直播，事後記者問：「你不害怕嗎？」患者答道：「他們絕對不可能讓我在電視上死掉。」一九八四年，有人擬花費二點五億美元把《聖經》拍成二百二十五小時的節目，搬上熒屏；一九八三年，電視直播耶魯大學的畢業典禮，要請電視脫口秀名角主持，而當一位好萊塢明星出現時，「那巨大的歡呼聲足以把當地的死人吵醒」；今天總統競選的電視辯論，與當年林肯和道格拉斯的經典辯論根本不可同日而語，雷根在與弗里茨辯論中說了一個很俏皮的笑話，第二天許多報紙都說，雷根用笑話擊敗了對手。面對這些怪現象，波茲曼更氣憤地說：「在這裡，一切公共事務形同雜耍，文化已經變成了一場滑稽戲。」所以當歐文・柏林的歌中唱道：「沒有哪個行業能像娛樂業」時，波茲曼惡意地譏諷道：只要改成「除了娛樂業沒有其他行業」，他就會成為像赫胥黎那樣的先知了。

此時，波茲曼提出了一個更為驚人的政治預言：美國正在不自覺地跌入一個赫胥黎式的「烏托邦社會」。這個赫胥黎是《天演論》（嚴復譯）的作者湯馬斯・赫胥黎的兒子阿爾都斯・赫胥黎。烏托邦的概念並不新鮮，它是人們空想的美好的社會形式。柏拉圖的《理想國》是烏托邦的先聲，摩爾的《烏托邦》（一五一六）開創了這一獨特的文學題材的寫作。但空想終歸是空想，它的現實意義是模糊的。上世紀初，情況發生了變化，一種「負面烏托邦」（又稱反烏托邦、非常烏托邦）的文學創作誕生了，它所闡釋的是一些「美好空想」帶來的社會災難，引起了社會學家極大的關注。波茲曼也試圖在這裡找到靈感和依據，說明美國文化行將衰落的道理。他列舉了兩種負面烏托邦的形式，一是歐威爾在《一九八四》（一九四八）中描述的極端專制主義社會；再一是赫胥黎在《美麗新世界》（一九三二）中描述的極端科學主義社會。波茲曼的結論是：「專制」是醜惡的，它試圖建造的「文化監獄」容易辨認；況且歐威爾預言的「一九八四年」已經過去，它起碼沒有在美國發生。即使發生，「在彌爾頓、培根、伏爾泰、歌德和傑弗遜這些前輩的精神的激勵下，我們一定會拿起武器保衛和平。」但赫胥黎的預言就不同了，他的「技術至上」社會到處鶯歌燕舞：人不再自然生育，而是通過技術人員孵化出來；「孵化人」是完美的，男性人高馬大，女性彈性十足，他們不必生育，沒有婚姻，也不允許有專一的性伴侶；他們不會生病，心情不好時吃一種「解憂丸」，就立即歡快起來；人們不懼怕死亡，因為他們從小就接受「安樂死」的教育；他們運用科學手段進行「睡眠教育」、巴甫洛夫式的教育，一個觀念會百次千次地在受教育者的腦海中重複。許多詞彙在這裡消失了：父母、夫妻、愛情、痛苦、放蕩，以及思想、藝術、宗教、家庭、情緒和各種人性、文化的差異都蕩然無存；尤其是「死亡恐懼」也消失了，從而導致人類失去了追尋文化精神的原動力，同時人與其他動物的區別也隨之消失。

這是一個「美麗新世界」，它的美妙之處就在於：它與歐威爾預言的專制主義社會同樣危害人類文化，但它採取的手段卻更高明，不是監獄，而是歡樂。波茲曼指出，美國社會正在向赫胥黎式的烏托邦逼近。人們的「解憂丸」就是電視，它帶給我們無限的娛樂；教育手段也是類同的，「一個四十歲的美國人，已經收看了超過一百萬條廣告」；廣告的手段大都是「偽寓言式」的：一對夫婦的衣服沒洗乾淨，是因為他們不懂科學，沒有選擇技術更好的洗滌劑，他們受人奚落、懺悔、趕緊改過，於是綠草茵茵，遍地花開。娛樂之中，科學主義得到進一步的神化。就這樣，美國向赫胥黎式的烏托邦社會一步步走去，沒有鬥爭，只有笑聲。因為「我們聽不到痛苦的哭聲，那又同誰去戰鬥？同滿臉堆笑的娛樂嗎？」

面對波茲曼的悲觀主義情緒，中國的有識之士久已關注。關於負面烏托邦的問題，早在一九七九年，李慎之、陳翰伯、陳適五、董樂山等就已經組織並譯出《美妙的新世界》《一九八四》，刊登在《編譯參考》上。其實這兩部名著均屬於「負面烏托邦三部曲」，另一部是薩米爾欽的《我們》（一九二二）。還有一種「負面烏托邦四重奏」的說法（沈昌文語），即上述三本書，再加上費奧多羅夫的《共同事業的哲學》（一九〇六－一九一三）。這四部書有三部已經在遼寧教育出版社「新世紀萬有文庫」中出版，只是《美麗新世界》因為「文庫」的夭折而未及面世。今天，它的清樣還放在我的案頭上，盧珮文譯，其中有李慎之先生的序言《為人類的前途擔憂》。現在此書已經有很多版本面世，題曰《美麗新世界》。可以說，為了客觀地認識波茲曼，讀一些背景性的文字是必要的。

對於《童年的消逝》、《娛樂至死》，我國學者也有一個追蹤的過程。它們的中文版出版人嚴博非回憶說，他早就聽說波茲曼和他的著作，從一九九七年開始尋找這兩本書的版權，直至二〇〇四年才實現出版的願望。但是，二〇〇三年十月波茲曼去世，學者劉擎說：「他辭世的時候，我不曾讀到任何中文的報導。在美國也有學者抱怨，說他的死訊沒有得到應有的關注，因為當時的傳媒正熱中於史瓦辛格競選州長的戲劇性進展。這對波茲曼來說可能並不是遺憾卻反倒是安慰，因為這恰恰驗證了他的理論。早在一九八五年，他在《娛樂至死》一書中就曾預言，政治競選將越來越多地採用好萊塢的娛樂模式，而傳媒將蜂擁而至。」

在本文結束時，我想：「顯然，我的文字和討論的問題，不會給讀者帶來笑聲。」但是，我的耳邊卻不斷地回響著波茲曼的聲音：「人們感到痛苦的不是用笑聲代替了思考，而是他們不知道自己為什麼笑以及為什麼不再思考。」

寫於二〇〇七年

出版・體驗

「去職業化」影罩下的文化出版

《出版商務週報》提出，探討一下「近兩年出版人才結構轉型」的問題。我的腦海中，立即蹦出兩件事情。

其一，近年來，出版隊伍建設的主題是什麼？我想到了一個「跳」字。這也不是我想的。這些天我們引進一本書，名曰《PING,A FROG IN SEARCH OF A NEW POND》，此書的中文繁體字譯本由台灣大塊出版，書名譯為《青蛙為什麼要走路？》。其實，它的直譯應該是「尋找新池塘的青蛙」。此書在西方頗為流行，因為它所敘述的，正是我們所面臨的「跳槽」問題。在「跳」的主題下，我們的「人才結構」已經變成了一個「活體」，它表現為三大特徵：一，跨地區的跳動，其口號為「到北京去，到上海去」。這一風潮的直接結果是，以地域為分割的計劃性出版布局開始出現「文化崩解」的跡象，因為人才的流動必然引起產品的流動。其拯救的方法是地方出版產業的資產流動，像廣西師大、上海世紀那樣，將他們的觸角伸向北京，伸向文化中心。二，跨行業的跳動。「跳出」的就不說了；對於「跳入」的，跳入出版局一類政府管理部門的就不說了，剛出校門的也不說了，值得關注的是那些社會上、商場上的「熟男熟女」，像對職務與教材利潤感興趣的行政職員，將圖書稱為「快速消費品」的推銷員，深陷「網路思維」的網蟲，僅精通外語的「版權經理」，「行業通吃」的MBA，等等。他們的跳入是一種進步：商業化的進步，實用主義的進步！三，「跳動」的現實，將出版人才結構推向「動盪」的狀態。如果這種波動也算是一種「轉型」，那麼它帶來的直接影響就是「出版資歷」的貶值。「資深」二字是褒義還是貶義？出版行業的個性化品質、職業化精神是否還有意義？出版社管理是否就等同於工廠的管理，編輯是否就等同於工程師，書商是否就等同於雜貨商呢？

其二，談到「出版人才結構轉型」，一，出版社社長的選材與地位，應該是目前出版界人才建設的重中之重。在某種意義上，中國出版產業的發展和命運，更多地維繫在這五百多人的手中。所以，選好社長是重要的，還應該穩固社長的地位；不能因為出版布局的變化，而弱化「社長」的工作環境，進而淡化社長的社會、文化和經濟責任。二，許多行政專家進入出版行業，帶來規範化管理的新鮮空氣，對於黨的喉舌與陣地建設很有意義。但同時也要注意行政化的傾向，因為出版畢竟是一個游離於事業與企業之間的「文化產業」，它鮮明的行業特徵和專家化人才結構，絕不能忽視或輕視。三，許多經濟人才進入出版行業，打破了建國以來中國大陸出版業的「極端事業化」單位的局面，助推著整個出版行業的市場化的轉型。但同時也應當看到，在商業評估的鏈條上，出版行業的加權指數太多，它經常表現出對通常的商業規則的摩擦或牴觸。比如，暢銷書是好商品，但不一定是好作品；一般商品越新越好，有些圖書卻越舊越好；一般的工廠只生產一種商品或一類商品，而一個出版社一年卻要生產幾十種，甚至百種、千種圖書，並且千書千面；一個出版社的圖書不可能本本掙錢，它的產品結構是一個有機的整體，長、中、短線與「盈虧搭配」結合起來，構成一個良性的商業運行機制。所以，有觀點認為，出版是一個經驗型的行業，它需要學術專家、文化專家、商業專家的參與，但更需要出版專家的總匯，最終做出經驗性的商業判斷。

寫到這裡，我又想到一個流行的概念，那就是備受批評的「去歷史化」、「去中國化」傾向。這種思潮，也可以用來調侃出版界得「去職業化」傾向。總之，出版行業最講「傳承」二字，內容上的文化傳承與人才上的師徒傳承結合在一起，才是結構調整的根本所在。有一則故事講道：一位經濟專家被任命為一個出版社的執行長，他稱封面為封皮，他稱教輔為教材；這倒也罷了，關鍵是他說：「為什麼要編那麼多的書？我們追求的是一本書打天下！」他還動員全社編輯找出最盈利的圖書門類，於是有人偷偷地送給他一本《花花公子》。

寫於二〇〇六年

文化與出版：是誰發出了SOS？

近年來，隨著出版改革的發展，我們這些「販賣文化的人」，一直被企業化、集團化、商業化、市場化之類的主題詞圍困著；而文化本身卻有些受到冷落。其集中的表現是，將出版類比於一般的工業企業，將圖書類比於一般的工業產品，單純地用利潤判斷圖書的價值和使用價值，從而導致出版行業中「極端商業化」思潮的盛行。

這種現象的出現並非無人警覺，早在二〇〇三年劉杲同志就連續發表幾篇文章，主題只有一個：「出版：文化是目的，經濟是手段。」我第一次見到這個命題，恰恰是在劉杲同志為我的集子《人書情未了》所寫的序言中。那篇只有一千多字的短文，幾乎是在大聲疾呼：「文化是出版的魂，是出版的命……如果背離了文化建設這個根本目的，經濟手段對出版有什麼意義呢？什麼積極意義也沒有。」沈昌文同志讀到這些文字，也立即大聲疾呼起來，他給劉杲發郵件說：

「你的『對出版來說，經濟只是手段，文化才是目的』，是名言，佩服佩服！現在正需要這樣的黃鐘大呂。」說實話，當時我很茫然，並沒有真正理解他們「大聲疾呼」的深意；雖然劉杲同志還稱讚我「在骨子裡卻是個醉心於文化的文化人」。但是，我從直覺上感到，這種「疾呼」很有SOS的味道，而且是文化的求救！尤其是沈昌文同志已經用上「黃鐘大呂」這樣的頂級詞彙，看來問題確實有些嚴重。

二〇〇五年，在制訂「十一五」規劃的過程中，劉杲同志又對「跨越式發展」的口號提出了嚴肅的批評。他說，出版業提出「跨越式發展」的要求是不切實際的，「過高要求並不能鼓舞士氣，只能激發浮誇風氣。」所以他建議，應該提倡「平穩較快發展」，這才符合科學出版觀的原理。接著，巢峰同志更是直截了當地指出，「跨越式發展」就是要越過某個階段跳躍式發展，與「大躍進」異曲同工。「精神產品生產，除了上述制約因素（原材料和市場）外，還要受思想性、學術性、藝術性的制約。文化產品的思想性、學術性、藝術性，潛移默化，傳承創新，一般以漸進形式向前推進，而不是『跨越式發展』。」於是，我們又回到了「文化」這個主題。顯然，「跨越式發展」的衝動也是極端商業化的產物。請問，文化怎麼跨越？高雅與通俗，學術與普及，經典與流行，傳承與創新，它們有機地交融在一起，既無法跨越，也無法剪裁。這大概是清醒的出版人又一次「黃鐘大呂」，大概是文化的又一次SOS。

寫到這裡，我隱約地覺得，人們一次又一次地呼救，總有一點「文化乞求」的感覺。好像文化拖了經濟的後腿，好像出版落後於其他企業的管理，好像出版人都是書呆子，不懂MBA，不懂IMF，等等。應當看到，衝突的發生不是「經濟」這把尺子的錯，而是商業理解上的形而上學。關鍵是這種現象還說不得，動輒就會批評你思想陳舊，「你看人家西方如何如何！」西方究竟如何呢？近來我讀到賀聖遂同志幾篇文章和言論，許多觀點讓我有些茅塞頓開的感覺。他的好文章《關於科學出版觀的思考》就不用說了，前不久，他接受《文匯讀書週報》的採訪，講到上世紀末美國出版業發生的集團化與購併之風的例說，實在是值得注意。他說：

蘭登書屋被紐豪斯傳媒集團收購後，銀行家出身的維塔爾入主蘭登。在「每一本書都必須盈利」的經營思路指導下，蘭登出版了很多低俗無聊的作品；維塔爾還要求所屬潘塞恩出版公司縮減三分之二的圖書和員工，只出版銷量大的品種，被裁員工則大都為有文化理想和文化追求的出版業骨幹人員，最終導致了員工的集體辭職，曾在美國出版界有較大影響的潘塞恩圖書公司自此不復存在。而這並沒有給它帶來多少好處——一九九七年，蘭登的利潤率僅為百分之零點一，一年後，沮喪的紐豪斯把蘭登賣給了貝塔斯曼。

對此，賀老師的結論是：「這恰恰說明，完全商業化的模式並不是出版業的濟世良方，出版業的安身立命之本是文化，而且永遠是文化。」這是多麼清醒、冷靜、準確的判斷啊！他讓我悟出了一個道理：如果文化離開了出版的反哺，它還有很多的存活形式；反過來，如果出版離開了文化的正確軌道，那它肯定是要死掉的！

說到這裡，可能有人反駁說：「你們的例說也有些絕對化。俗文化不也是文化麼！它們商業成功的範例也不少啊！」是的，不是不少，而是太多了；但是，它們一旦走向低俗，就是對人類文明和主流文化的挑戰，也是對出版人良心的挑戰。其實多少年來，隨著社會形態的演變，出版界高雅與低俗的鬥爭一直激烈地發生著。再以西方為例，著名的「企鵝叢書」出版人萊恩，就曾經為圖書的低俗化問題，與他的繼任者戈德溫發生過激烈的爭論。萊恩諷刺戈德溫說：「你可能是一個市場奇才，但你卻不知道一本書不是一聽黃豆。」當戈德溫出版一本充斥了有關殘肢斷體、耶穌受難、廁所茅坑和尼姑的漫畫《謀殺》的時候，忍無可忍的萊恩深夜帶著四名大漢，開著一輛農場大卡車駛向企鵝書庫，運走了所有還沒來得及走進書店的《謀殺》，在曠野中把它們化成灰燼。第二天便宣布此書絕版，這在出版史上也算一絕。結果，戈德溫只好辭職，雖然他在任期間已經把企鵝的營業額翻了三倍。

說點兒題外話。那些天看世界杯，有些神魂顛倒。不覺就做了一個夢，夢見「文化」挾著嘶啞的哭聲一路奔走。我問：「怎麼了？文化大革命不是早就結束了麼？」她說：「是啊。可這一次是一隻無形的大手的追殺，迫得我幾乎喘不過氣來。難道經濟也要大革命了？」我笑笑說：「不會的，危言聳聽。」怎麼會呢？我們剛剛經歷了那麼嚴酷的「十年浩劫」，蒙難者大都還活著，他們怎麼會那麼快就忘記那段傷痛？可反過來一想，誰沒活著呀；不同的時期，「大革命」也會冠著不同的名義出現。想到這裡，心中不禁一凜，就醒了過來。噢！哪裡是什麼「文化」在哭泣，卻原來是健翔兄的那一陣亂吼，引起我夢中憂思的移情。真是杞人憂天，世界多麼太平啊！於是，我又帶著微笑睡去了。

寫於二〇〇六年

一本書，就這樣名揚天下

這本書的名字叫《中國讀本》，它的作者是蘇叔陽先生。我說它「名揚天下」，略微知情的人，一定會想到那一段輝煌的往事。在一九九八年至二〇〇〇年間，《中國讀本》在中國一共發行了一千萬冊，創下了同類書發行的天量；接著，它榮獲中宣部「五個一工程」獎、國家圖書獎。

但是，我現在要說的並不是那些「往事」，題目中的「天下」也不僅是「普天之下，莫非王土」的中國，而是名副其實的全世界。

說起來這個故事有些曲折，《中國讀本》經歷了那一段輝煌之後，曾經有過三年多的沉寂。直至二〇〇四年，伴隨著中國文化「走出去」的一聲號角，《中國讀本》如異軍突起，一下子又冒了出來。它迅速地走出國門，在不到三年的時間裡，竟然有十一種文字版本產生出來。這是一個十分有趣的出版案例，它的發展過程，甚至可以用一個個小故事串起來。

一、新生

那是在二〇〇四年末，為了落實文化「走出去」戰略，我們清理以往的書單，又想到了《中國讀本》。在遼寧出版集團董事長任慧英先生的大力支持下，我們立即與海外的合作伙伴德國貝塔斯曼聯繫，希望能將《中國讀本》譯成英文，在他們的全球書友會銷售。對此，德方表示了極大的興趣。

於是，我打電話給此書的總策劃、中宣部出版局局長張小影女士，將上面的想法告訴了她。聽完我的述說，小影笑了。她說：「你記得麼？在三年前，我們在出版《中國讀本》中文版時，我就提出要做英文版和中文繁體字版，並且我當時就已經請人做了英文翻譯。後來你們一直沒有回應，上海新聞出版發展公司卻積極地推出一套關於中國文化的英文版精品圖書，《中國讀本》就收入其中了。」

她接著說，不要著急，這件事情的發展前景十分廣闊。你們既然已經有了新的認識和積極性，我們就攜起手來，共同合作，努力做好三件事情，一是與上海新聞出版發展公司合作，將已經完成的英文版《中國讀本》繼續提供給貝塔斯曼書友會。二是按照新形勢與國際化的要求，請蘇叔陽先生立即對《中國讀本》的內容進行修訂，這次修改要強調在人類文化的大背景下，實現中外文化的三個對接，即時空對接、文化對接和情感對接。三是以這個修改本為底稿，再認真地啟動該書多語種的翻譯與推介工作。

應該說，張小影局長的這三點建議是一個轉捩點，為《中國讀本》後來的「走出去」奠定了重要的基礎。

二、凱茜女士

在這樣的情況下，我們又向貝塔斯曼提出出版《中國讀本》德文版的設想。他們欣然支持我們的工作，並且由潘燕女士出面，請到德國大使館駐上海總領事夫人凱茜女士，希望她能接手《中國讀本》德文版的翻譯工作。凱茜女士是在中國讀的博士學位，專業是「中國文化研究」。她的中文非常好，彼此交流時毫無障礙。我們第一次見面時，她對接受這項工作還有些猶豫，因為書中涉及到的中國文化跨度太大，許多專有名詞最難翻譯；另外，她的孩子只有兩歲，每天需要照顧，我們要求的交稿時間又很急。所以她說，先看一看書稿再說吧。就這樣，我們把中文版的《中國讀本》交給她，希望她早一點給我們消息。沒想到兩天之後，她就請潘燕轉告我們，她接受了這個任務，因為這部書寫得太好了，她願意用兩個月的時間，把它翻譯成德文。她還表示對作者蘇叔陽先生的敬意，希望能夠有機會拜見這位才華橫溢的大作家。

不久，蘇先生去滬開會，凱茜女士把他請到德國總領事官邸作客。我們知道，蘇先生歷來風度翩翩，經常作為主持人，出現在央視等社交場合；那一天，他與美麗而舉止優雅的凱茜女士會面，他們在一簇蘭花的掩映下談笑風生。那一刻，中德文化的交流，演化成一幅優美的畫卷，光線與色塊，都是那樣的明亮而清新，讓人感慨至深。

兩個月後，凱茜女士準時完成了文稿的翻譯工作。她在信中寫道：「這段時間裡，我的情緒已經完全沉浸在中國文化的海洋之中。蘇叔陽先生優美的文字與博大的愛國情懷，也使我忘記了疲倦、忘記了時間的調節，甚至冷落了我可愛的孩子。」

三、藍先生與葉琳娜

今年初，《中國讀本》德文版完成之後，貝塔斯曼中國區總裁環秉宏先生又在全球書友會上，向其他語種的書友會負責人推薦了此書。由於有了英、德文本的參照，下面的推介工作就好辦多了。

最初是俄語書友會表示了興趣，我們就按照前面德文版的操作方式，先在中國尋找譯者。為此，我們向沈昌文先生求助，他向我們推薦兩位俄語專家，一位是高莽，另一位是藍英年。高先生太忙，婉言謝絕了我們的邀請；藍先生是我們的老朋友，早在編輯「新世紀萬有文庫」時，他就是編委之一。他同意與我們見面，幫我們出一出主意。今年五月的一個晚上，我們在京城的一家小酒館，與藍英年夫婦小聚。他們有些老了，但步履依然輕鬆，心態依然完好，一件件往事如浮雲掠過，靜靜地感染著我們交談的情緒。藍先生說：「蘇叔陽的《中國讀本》寫得好，你們多年以來持之以恒的『文化自覺』也讓我感動。我可以向你們推薦一位俄國人翻譯此書，她是我的學生，名字叫葉琳娜。」

通過藍英年先生，我們找到了葉琳娜，她在俄國一家銀行工作。不久，這家俄國銀行在上海設立辦事處，葉琳娜考取了這份工作。八月的一個早晨，我們在上海見到她。她是一位充滿東方氣質的俄羅斯女士，說著一口流利的中文，氣質文靜而謙和，甚至苗條柔弱的體態也是東方式的。如果不是她那雙藍色的眼睛和滿頭的金髮，我們根本無法確認她的國籍。此時，情況已經有了變化，一個月前貝塔斯曼俄語書友會來信說，他們已經在烏克蘭找到《中國讀本》的譯者，不需要我們再找人翻譯了。但我們還是向葉琳娜表達了謝意，又將趙啟正先生的書稿《在同一世界》送給她，請她提意見，希望將來有合作的機會。

從俄國的葉琳娜，我又回想到德國的凱茜。她們都有著那麼好的中文，那麼多的中國情結，這只是中外文化交流的一個小小的視角。看來中國的事情真的發生著巨大的變化。

四、作家與總理

在推介《中國讀本》的過程中，還有一件事情值得提及。那是在今年五月三十日，蘇叔陽先生曾經將《中國讀本》的中文簡體字修訂版、繁體字版和英文版寄給國務院總理溫家寶同志。蘇先生在信中寫道：「茲奉上拙著《中國讀本》（中文簡體字本、中文繁體字本、英文版本）三冊，請不吝賜教。此書原是供青少年瞭解祖國及中華文化基本知識的讀本，不意發行以來，竟達千萬冊以上。德國貝塔斯曼出版集團又將它列為向西方世界介紹中國的第一本書籍，以致引起外部世界的興趣。但我總有些忐忑，不知內容是否確切。倘能獲得您的指教，則私心引為至幸！」

六月十一日，蘇先生就收到了溫總理的覆信。信中寫道：「來信及承贈《中國讀本》三冊都收到了。你做了一件很好的事情，讀本不僅為我國青少年瞭解祖國和中華文化提供了一本圖文並茂的基本知識教材，而且向世界人民生動具體地介紹了中國。我向你表示祝賀和感謝。用圖書講解中國，把世人的目光引向中國是個良好的開端，我真希望有更多的人做這項工作。」

溫總理的信是用毛筆寫的，文字工工整整，一絲不苟。這裡面還有一段插曲：見到溫總理的回信，蘇先生很高興。他趕緊打開家中的傳真機，想把原件的樣式傳給我們。沒想到信是用宣紙寫的，信紙既薄且軟，一下子就夾到了傳真機中拿不出來了。後來請工人卸開機器，才取出信紙，還好沒有絞碎，只是有些皺褶了。

五、好運俄羅斯

有了上面的工作鋪墊，今年九月，我們與蘇叔陽先生一同來到俄羅斯，參加莫斯科書展。出發之前，我們通過電子郵件，已經與俄方將《中國讀本》的合同文本討論了幾回，所有問題都達成了共識，甚至連封面、版式都認定了。只是俄語書友會的工作時間太短，只有兩個多月，我們不敢奢望在書展上見到俄文版的樣書。所以，我們原來的計劃只是舉行一個形式化的《中國讀本》俄文版簽約儀式；況且這次俄羅斯書展的主題是「中國文化年」，在那樣的環境中簽約，當然更有紀念意義。沒想到在莫斯科書展上，圍繞著《中國讀本》，接連地發生了幾件讓人既緊張又高興的事情。

先是到了俄羅斯之後，正趕上週末，我們與貝塔斯曼俄語書友會一直聯繫不上，真把我們急壞了。直到展會開幕的前一天晚上，夜已經很深了，我們才接到中國轉來的電話，他們說俄語書友會地處遙遠的烏克蘭，他們也打不通我們的電話；現在他們的經理正帶著預印出來的二十本《中國讀本》俄文版樣書，乘夜晚的火車向莫斯科趕來。這一下子把我們樂壞了，怦怦亂跳的心總算平靜下來。第二天開幕式上，我們一進展台就見到了那位烏克蘭國際合作部的經理，她也是一位年輕的女士，穿著時尚而不失優雅的風度。她送上俄文版精裝本《中國讀本》樣書，真是漂亮極了，從裝幀到材料，都稱得上是書中的上品。她說，我們先印出三千冊精裝本，已經供不應求；馬上開印平裝本，從市場調查看，它一定是暢銷書。書展上俄羅斯讀者的熱情，果然印證了她的話。在我們的展台上，不斷有人翻看、打聽和試圖購買《中國讀本》；最後，我們展架上的樣書也不翼而飛了。

接著就要舉行我們的發布會了。你知道，這次俄羅斯「中國文化年」活動的內容非常豐富，中俄雙方都來了許多重要人物。書展只是其中的一項活動，《中國讀本》的發布會又是其中的一個小節目。所以一直到開會之前，我們也無法確定誰會出席我們的活動。說起來有點戲劇性，正當我們幾個人圍在一起商量的時候，一位女士向我們款步走來，她帶著微笑，挽著一襲美麗的花披肩，那是俄羅斯獨有的艷麗與風情。她是鐵凝，她來到蘇叔陽面前風趣地說：「蘇先生，我想參加《中國讀本》的發布會，您歡迎嗎？」我們還能說什麼？

在發布會上，鐵凝認真地傾聽蘇叔陽先生充滿激情的演講，演講一結束，她情不自禁地說：「這真是一篇絕好的散文啊！」此時，俄語專家、李立三的女兒李英男教授走過來，向蘇先生致意，並希望得到一本俄文版的《中國讀本》；劉鵬、趙實等領導也來到我們的展台上，向蘇先生問候；俄羅斯電視七台還專訪了蘇叔陽先生。事後，蘇先生平靜地對我說：「今天的情景很讓我感到欣慰。其實在主旋律的範疇裡，要想創作出好的作品是很難的。前些年，針對《中國讀本》，有人說那不算什麼作品，還諷刺我是江郎才盡；最近口風變了，許多人又勸我悠著點兒、別累著，身體為重吧！」

六、十一種文字版本

前面說到，在不到三年的時間裡，《中國讀本》有十一種文字版本產生出來，並且這個數字還在不斷地變化著。

二〇〇五年，由上海新聞出版發展公司推出精美的英文版，在亞馬遜、《讀者文摘》、貝塔斯曼全球英語書友會等西方主流媒體的流通渠道銷售，在初版售罄之後，又再版重印；二〇〇六年，由香港三聯書店推出中文繁體字版，在港台地區以及海外華人市場上銷售；二〇〇七年，由貝塔斯曼德國書友會推出德文版，在德國銷售；二〇〇七年，由貝塔斯曼俄文書友會推出俄文版，在俄羅斯、烏克蘭等俄語國家銷售；二〇〇七年，由我國民族出版社推出蒙文、朝文、藏文、維吾爾文、哈薩克文五種少數民族文本，同時與韓國、蒙古國的出版社簽訂了輸出版權的意向書；二〇〇七年，由黎巴嫩科學出版社購買了阿拉伯文的版權；二〇〇七年，我們正在與西班牙、義大利、法國、匈牙利、捷克、波蘭等許多國家接觸。就這樣，《中國讀本》的版權輸出漸成噴湧之勢，越來越熱烈。

在這裡，民族出版社的工作最讓我們敬佩。兩年前他們就提出翻譯和編輯多文種《中國讀本》的計劃，並且說到做到，在極其辛勞的情況下，他們組織社內外專家學者一起上陣，在最短的時間內，完成了艱苦的翻譯工作。在今年九月北京國際圖書博覽會期間，他們準時拿出了五種文字《中國讀本》的精美樣本，真讓我們感動。據說在印製的過程中，民族出版社社長禹賓熙先生親自監督，要求一定要與其他文字版本的《中國讀本》達到同一標準。他們還發揮出版社的國際化優勢，與韓、蒙等周邊國家的出版商聯繫，為《中國讀本》「走出去」做出了重要貢獻。

由此，我也從《中國讀本》的工作中，體會到合作的力量。在與上海新聞出版發展公司總經理王有布先生、民族出版社社長禹賓熙先生的交往中，我們幾乎是在自覺的狀態下，共同地匯聚在「國家利益」的旗幟周圍，共同地完成著一件有益於文化、有益於民族、有益於人類文明的事情。

七、在莫斯科郊外的晚上

記得我們結束俄羅斯之行，即將回國的那一天晚上，我們住在莫斯科郊外的一個酒店裡。那一天是九月十三日，恰好是我的生日，巧的是在三百多名團員中，只有我是那一天的生日。展團精明的組織者「中圖公司」當然不會忘記，在告別晚宴上，他們為我送上一個精美的生日蛋糕，幾百人一起祝我生日快樂，那情景真讓人難忘。

酒會散了，夜已經很深了，一切都已經靜了下來。我與蘇叔陽先生，還坐在酒店裡的一個哈薩克風格的酒吧中喝啤酒。窗外的景色，在燈光的映照下有些影影綽綽，暗色的草坪上，只有白樺樹的枝幹反射著冷冷的白光。

此時，蘇先生有些感慨，他說老了老了，《中國讀本》又給了他這麼多新鮮的人生體驗。比如在去年的法蘭克福，他坐在「藍沙發」上接受採訪，這個節目在德國全境現場直播；此後幾天，他在德國的街市上，經常會遇到德國人向他頷首致意。他說：「能為國家做事，能為中國人揚眉吐氣，那樣的感覺真是太好了。看來，我還要抖擻精神，繼續寫下去。」我說：「是啊。您不老，我見到在《天鵝湖》的舞台前、樂池邊，您的眼中依然閃爍著青春的光芒。況且，還有《西藏讀本》，還有許許多多絕好的項目等待著您去完成。」

就這樣，我們一直談下去，一直談到夜更深的時候……

寫於二〇〇七年

書啊，你這水火不容的寵兒

那天早晨上班，剛一下辦公樓的電梯，就聽見我的辦公室那邊一片喧鬧聲。大樓的物業人員跑來跑去，見到我趕緊說：「抱歉抱歉，您的辦公室跑水了！水深都沒腳面子了。」我的第一反應是：「完了，我的書！」

說來慚愧，數十年讀書、買書、編書、出書，日積月累，藏書自然不少。然而，我卻沒有自己的書房。倒不是條件不允許，最初家中也有一個不大不小的擺書的地方；可是作為一個出版人，日常工作就離不開書，所以辦公室裡也有一大堆書，有時在上下班時，我還要把大量的工作用書拎來拎去。後來有了條件，我乾脆在辦公室置辦了書架，讓家中的書與單位的書「會師」，辦公室也就兼做了書房。

那一次跑水倒是淹不到書架上，只是有許多書還沒來得及上架，尤其是那幾箱好書，被老老實實地泡在水裡，心疼得我幾乎說不出話來。你看，保潔員拎來一本《雨果文集》，墨綠色的包封被泡成了黑色，還滴滴答答地淌著水。保潔員悲傷地說：「俞總，真對不起，把果雨泡成了這個樣子！」情急之中，她讀錯了雨果的名字。那些天，我的辦公室成了圖書晾曬場，泡水後書的形態真是醜陋極了，有變厚的、變黃的、扭曲的、黏連的，幾天後屋子裡又充斥了霉變的氣息。那些天，我的心情低落到極點，在橫躺豎臥的書中轉來轉去，愛書的傷痛已經無法表述；不自覺間卻以一點兒「職業思考」聊以自慰：噢！《呂叔湘全集》是用油紙包裝的，水沒滲入；《歷代筆記小說》是漆布精裝，快一些從水中撈起來，也可以幸免於難；平裝書最不禁水泡，帶包封的也不好；可嘆是那一套仿線裝的《四庫全書珍本初集》，外包裝的草紙盒子一下子就泡爛了，裡面還塞滿了紙屑，吸水性最好，書卻爛得一塌糊塗！相對而言，地處南方的印刷廠包裝圖書比較注意防水防潮，大概是南方多雨的天氣使然；而北方的印刷廠包裝就要差一些……

就這樣胡思亂想，我是被氣糊塗了。正應了杜工部的那句詩：「自經喪亂少睡眠，長夜沾濕何由徹？」突然我的思緒飛騰起來，想到了一個莫名其妙的問題：「你說，這書是最怕水，還是最怕火呀？」乍一聽你一定會說：「怎麼會提如此愚蠢的問題，大概你的腦袋也進水了吧！」非也非也，這還真是一個問題。茨威格在《書的禮讚》中就說，書有五大敵人：蠹魚、收藏家、火、水與荒廢。而於火，茨威格說：「可以損害書籍的自然力量很多；但是其中沒有一種，它的摧毀力可以抵得上火一半的。」自古以來，人們銷毀圖書最常用的手法就是焚燒。秦始皇就不用說啦；「江陵焚書」也很有名，梁元帝一下子燒了十四萬卷藏書；當然，他還幹不過「愛書」的康熙大帝，後者一面編撰《四庫全書》，一面焚毀各類禁書達七十一萬卷。同樣的事情外國也有，七十年前「納粹焚書」就很有名，他們將德國一萬多座圖書館中的三千多萬冊圖書都燒盡了。最有趣的是，李贄素以詩文針砭時弊，他深知自己的文章為權勢所不容，遲早會遭到禁毀的命運，所以乾脆將自己的集子命名為《焚書》。

由此看來，火還是更可怕！不然江南那座建於明代的藏書樓為什麼會叫「天一閣」！它就是因為建造者認為書最怕火，所以取古句「天一生水，地六成之」，象徵水克火之義，以避火災。天一閣的建築還有一個奇妙之處，那就是它一反我國古建築所遵循的「奇數開間」的原則，卻以偶數「六開間」，也是為了迎合上面那個古句。後來乾隆為珍藏《四庫全書》，修建文淵、文源、文津、文溯、文瀾、文匯、文淙七閣，均仿天一閣六開間，名字也都取帶「三點水」的字，果然是怕火不怕水！

想起這些故事，再看一眼我辦公室被水淹後的遍地狼藉，一股怨氣又沖了上來。你說這古今人物不是顧此失彼嗎？火可怕，水也可怕呀！你聽，茨威格還說：「除了火之外，我們便要將兩種形態的水，流質的與蒸發的，列為書的最大的毀滅者了。」十五世紀穆罕默德二世攻佔君士坦丁之後，就將各教堂的藏書，以及君士坦丁大帝偉大的藏書樓所藏的稿本十二萬卷，全部拋入大海。你再聽，呂叔湘先生譯過一篇斯克威爾的文章，叫作《毀書》。他開篇就寫道：「書這東西，毀起來也不是很容易。」如果不撕開就想在煤氣爐上燒掉它，就跟要燒掉一塊花崗岩一樣；從垃圾道扔下去也不行，那裡寫著「只准倒髒土」；沒有辦法，斯克威爾只好將書裝進一個袋子，把它們扔到河裡去。你看，還是「水」解決了問題。

由此看來，「天一閣」的命名很有問題。雖然水可以避火，它卻不是書的守護神，它也可以使書霉爛，生長出白菌、黃斑。另外，我這個略知《周易》的人還知道，引用「天一生水，地六成之」的人總好說此語出自《周易》，以示其神聖。其實不然，《周易》中哪有這樣的鬼話，《易傳》中的原話是：「天一地二天三地四天五地六天七地八天九地十，天數五地數五。」那裡絕對沒有後來意義上的河洛、五行與易數交融的概念。直到宋代圖書派甚囂塵上，編造了不少理學故事，用以迷惑人心。而「天一生水」那段話，更是到了元代才由李簡在《學易記圖說》中杜撰的。

說哪兒去了，看來我這「八斤半」真有些灌水了！不說了，整理書去。

寫於二〇〇六年

唐吉訶德精神萬歲！

前不久，我在一個圖書網站上瀏覽，見到有人議論起上世紀九十年代出現的一個出版現象。那就是幾家以教材為背景的出版社，趁著管理部門還沒有統籌、上收大量的教材利潤，貿然出版了一大批「不大符合國情」的書。例如，河北、安徽、江蘇、河南、遼寧等教育出版社，推出了許多大型的叢書、套書、全集，其中有些品種簡直精美得不得了。尤其是河北教育，它出版的《莎士比亞畫廊》堪稱「驚艷」；而《梅蘭芳（藏）戲曲史料圖畫集》甚至都獲得了「世界最美的書」評選金獎。台灣張思硯先生曾經驚嘆：「那些年河北教育出版的書，無論質與量均讓台灣出版人大吃一驚，深覺『大陸趕上來了』的威脅。」面對這種現象，有人叫好，也有人對此大加指責。指責者說：這種「以書養書」的辦法，即以教材的利潤養那些「大書」，似乎有些不道德；另外，在如此重要的出版陣地上，怎麼能容許幾個出版社的小社長，如此無收無管地個性發揮呢?網上的議論者稱:正是「政策間歇」的時勢,造就了那麼幾個唐吉訶德式的人物,像王亞民、黃書元、周常林等等,還有在下。

「唐吉訶德」是什麼東西?我知道,他是塞萬提斯的《奇情異想的紳士唐吉訶德・德・拉・曼卻》中的人物,或稱「怪物」;他的主題是夢想、不合時宜和偽騎士精神。於是我聯想到不該想的「憂鬱騎士」王小波,還有蕭乾筆下的「湖南出版四騎士」之一鍾書河,以及從灕江美景中殺出的「老騎士」劉碩良等。他們都被人們稱為「騎士」,是否也與唐吉訶德有些沾親?想著想著,就有些收不住思緒,順著一條自我閱讀的精神脈絡一直捋了下去。

我想到上世紀七十年代,商務印書館開始重編「漢譯世界學術名著」,使一些西方經典名著重見天日;直至今天,成書已達四百餘種。這是幾代人的夢想,也使多少代人接續不斷地沐浴著它的恩澤!可是在它起步之初,在那樣的年代裡,陳翰伯、陳原等人奔走呼號,不畏風險,這是多麼不合時宜啊,我尊敬的前輩騎士們!(我的書架上有:《懺悔錄》,《培根論說文集》,《思想錄》,《哲學史講演錄》等。)

我想到上世紀八十年代,三聯書店的「研究者叢書」,四川人民出版社的「走向未來叢書」。尤其是後者,它及時地填充了當時中國社會現代西方思潮的空檔,事實性地擊碎了一個國家的精神禁錮。這套書的封面以白色為底、黑色為圖案,小小的開本,一切都與那時「既定的規則」二律背反。毫不誇張地說，我們當時閱讀它們，內心中經常湧動著一種近乎瘋狂的渴望。這是多麼富有創意的「解放思想」啊，我尊敬的時代騎士們！（我的書架上有：《為人道主義辯護》，《諸神的起源》，《激動人心的年代》，《信念的活史》，《GEB，一條永恒的金帶》，《空寂的神殿》等。）

接著就到了九十年代，我們這些靠教材起家的出版人粉墨登場了。其實教育出版社有錢也不是一天兩天的事；一九九五年，全國教育出版社在揚州開會，當時《中華讀書報》記者陳曉梅到會採訪，她發的消息題目最精彩，也最能說明問題，即《腰纏十萬貫，鬱悶下揚州》！鬱悶什麼？就是教育出版社「有錢而無地位」的狀況。面對這些「錢」，出現了兩個走向，一是做各種基礎建設的投資，五花八門，直至今天成為「出版改革成本」的支付者；一是超越常規、超越現實、不計成本地投資重點書建設，使一大批好書紛紛出籠。像典型的河北教育出版社，那大套大套的文集出版，不但使上面提到的台灣學者驚愕，前不久還有一位專家對我說：「應該抓緊收集前些年河北教育出版的好書，它們在未來十幾年，大概都難有再出版的機會。」這種現象所產生的碩果，我們還可以在近些年的國家圖書獎、中國圖書獎中得到印證。後來，隨著出版改革的深入，那一點「教育社的風光」已經日漸淡去了；這是一個多麼讓人費思量的事情啊，是耶非耶，其實都不重要，木不曲直，金不從革，見怪不怪就是了。只是我這個「當事人」時常有些傷感，甚至覺得，那個被人打得破爛溜丟的唐吉訶德也有些可愛了！（我的書架上有：《呂叔湘全集》，《朱自清全集》，《維特根斯坦全集》，《胡適全集》等。）

不覺就進入了二十一世紀，四百年後的唐吉訶德仍然不見衰老。新桃舊符，東邪西毒，總會有心懷夢想的人拍馬趕到，接續著我們精神的寄託。只是時代不同了，人物自然也不會相同。這一代的人，沒有了老一代的尊嚴，沒有了上一代的虛偽，沒有了近一代的傷痕，沒有了現一代的乖巧；但是，他們有了自己的伊甸園，同時也有了精神再造的根據。你聽，有人說《夜宴》之後，馮小剛要拍中國版的《唐吉訶德》了，周星馳演唐吉訶德，吳孟達演桑丘，絕配啊絕配！我還能說什麼呢？只能振臂高呼：

唐吉訶德精神萬歲！

寫於二〇〇六年

國學叢書，一個社會轉型期的文化結點

一、國學熱

在一九八九年與一九九〇年之間，中國文化曾經發生了一次重要的突變；它的標幟是在短短的兩年之間，兩個學術思潮的浮沉與更替，一個是「全盤西化」，一個是突然興起的「國學熱」。前者是一件複雜的事情，就不必說它了；對於國學，卻勾起我許多記憶。

今天學術界回顧上世紀九十年代國學復興的事情，大都以《人民日報》的兩篇文章作為見證和標幟，即《國學，在燕園又悄然興起》（一九九三年三月十六日），以及兩天後頭版發表的《久違了，國學》。以此為發端，圍繞著「國學」的爭吵一下子活躍起來，一些橫七豎八的「主義」都找到了話語權，諸如國家主義、新權威主義、民族主義、新保守主義、新秩序主義等等，打得一塌糊塗。這倒也填充了「文化豹變」後的一段思想寂寞，只是那些煞有介事的拚殺讓人有些莫名驚詫。尤其是一些「官方情緒」的介入，讓學術問題走上庸俗政治的道路，事情也就更不好玩了。

二、國學叢書

我對這些深奧的理論不太懂，只是影影綽綽地記得，這「國學」概念的重提還要比上面的時間更早些。那是在一九八九年底，《光明日報》的陶鎧、李春林、梁剛建與我聊天，他們說：「有一個好選題，叫『國學叢書』，你們出版社願意組織出版嗎？」當時，我沒聽說過「國學」一詞，還向三位仁兄請教了半天。後來就請出了張岱年、龐樸、梁從誡等，開始啟動了「國學叢書」的編輯工作，在一九九〇年底推出了第一批書目，那應該是重提「國學」概念的先聲！尤其是主編張岱年為叢書寫的序言，即發表在《光明日報》上的文章《以分析的態度研究中國學術》（一九九一年五月五日），應該是後來「國學熱」的起點。不過回憶起來，當時的我並不理解大師的旨意，只是覺得這些學者呀，大概覺得西學不行了，那就再試一試國學吧！庸人之見，見笑了。

後來「國學熱」鬧得風起雲湧，卻不大有人提起「國學叢書」，似乎對張先生的想法也有些忘卻、曲解或偏離。我是在今年陳來的文章《愷悌君子，教之誨之》（《文史知識》二〇〇五年第二、三期）的注釋中，認證了這種感覺。陳來寫道：「張先生為主編的『國學叢書』出版後，國內一系列以『國學』命名的出版物接連出現，一九九三年《人民日報》針對當時商品經濟大潮對學術的衝擊，也報導了北大學者從事國學研究的情況。這引起一些反對傳統文化的人的注意……我看後對張先生說，您在『國學叢書』的序言中已經把國學的概念講得很清楚了，怎麼說是可疑的概念呢？張先生說：『現在看來有種種誤解，研究國學不是復古。』」

在「國學叢書」的第一批書目中，收有陳來著《宋明理學》，出版後反響極好，很快就出了台灣版。後來因為出版社管理不好，引起陳先生一些不快，我至今還懷有歉意。最近讀到他上面的這段話，自然又引起我對許多往事的聯想，以及對那些實實在在的學者們的尊重。

三、編輯部

這樣一套書，它首先需要有一個好的編輯部。這件事的發起與組建者，正是上面提到的《光明日報》的三位，我當時戲稱他們是「京城三劍客」。外在的總體印象是：陶鎧先生是我們的領導，他做事穩穩當當，像帶頭大哥；春林談吐儒雅，是諸葛亮式的人物；剛建剛柔兼濟，他的策劃和操作能力最讓我敬佩。初次見面，春林送給我一本他的著作《大團圓》，剛建也送給我一本他的雜文集《風吹哪頁看哪頁》，我們關於「國學叢書」的合作，就是在這樣的氛圍中起步的。

當時，我的助手王越男把他們稱為「三位高人」；他們卻說，做這樣的書，光靠我們還不夠，於是他們又請出了「三位更高的人」葛兆光、王炎、馮統一，讓他們做編輯部成員。當時葛先生已經有大作《禪宗與中國文化》問世，一身朝氣與智慧，名聲也大得不得了；王先生也曾經是《讀書》編輯部主任，知識廣博，有「中國第一編」的稱譽；馮先生穿著對襟上衣和中式布鞋，一副國粹風度，與王世襄、徐邦達等名流都熟得很。剛建、春林私下對我說，也就是趕上這一段文化沉寂，人們都不大順當，像王炎的名字本為「焱」，不慎被打掉了一個「火」。否則，請出這樣一些高手是很難的。

四、編委會

有了這樣的編輯部，又催生出了一個大師級的編委會，他們是王世襄、王利器、方立天、劉夢溪、湯一介、張政烺、張岱年、龐樸、李學勤、杜石然、金克木、周振甫、徐邦達、袁曉園、梁從誡、傅璇琮。記得我們第一次召開編委會，主編張岱年慷慨陳詞，控訴文革時期，他被安排去掃院子，「那真是詩書掃地啊！」我曾經為這次聚會而激動，在日記中寫道：「那時學術風潮乍起乍伏、時緩時驟，我們三五同仁雖無杞人憂天之心，卻有獨出心裁之志，在某年冬日的京城聚合十餘位歷盡滄桑的學者，共謀中國學術的走向。於是久違的老人再度挽起手，擎一面國學的大轟，奏一曲傳統的歡歌！這樣才有了《國學今論》、《宋明理學》、《天學真原》等著作的問世，由青萍之末漸成浩蕩學風。」

對於這些老先生，我們自然敬重有加，用剛建的話說：「他們都是頂天立地的大學問家！」不過我還記得他們的一些小事情。像梁從誡先生，他說他是唯一一個騎自行車、穿牛仔褲去參加政協會的人；王世襄老先生最讓我們感動，第一批書出版後，他找到我們說，他沒做什麼工作，編委的名譽和編輯費都受之有愧，請求奉還；還有李學勤先生的謙遜，袁曉園女士的風度，周振甫先生的純樸等等，都深深地刻在我們的記憶之中。今天，他們中的許多人都已經離開了這個世界，一個被人們稱為當時「中國學術出版第一編委會」的架構，早已經不復存在了！

五、書稿

「國學叢書」一共出版了二十本，其組織原則有三個，一是號角，二是新啟蒙，三是出新。對此，我們可以在葛兆光、王炎、馮統一三位撰寫的「編輯旨趣」中讀到：「華夏學術向以博大精深著稱於世。降及近代，國家民族多難，祖國學術文化得以一脈未墜，全賴有學見之前輩學人參酌新知，發憤研治。『國學叢書』願承繼前賢未竟志業，融會近代以降國學研究成果，以深入淺出形式，介紹國學基礎知識，展現傳統學術固有風貌及其在當代世界學術中之價值意義，期以成為高層次普及讀物。」這段文字載於一九九〇年十一月三日《光明日報》「國學叢書」的廣告上。

實言之，我對「國學叢書」的編輯工作極為重視，原因是個人愛好，同時也受到如此大創意、大陣容的震動。我曾經計劃為每一本書寫一篇書評，後來也真的寫了一些，如為《國學今論》（張岱年等）寫《聖典如峰，哲人闢境》，為《讖緯論略》（鍾肇鵬）寫《讖緯與讖緯論略》，為《天學真原》（江曉原）寫《天學的真諦》，為《大哉言數》（劉鈍）寫《秘中之秘新探》，為《象數與義理》（張善文）寫《徜徉於易與不易之間》，為《岐黃醫道》（廖育群）寫《國學中的自然科學》等。知識所限，有些書的書評我不是不想寫，而是寫不出來。

當然，在編輯「國學叢書」的過程中，也留下許多遺憾，其中最讓我難忘的是一些好選題最終未能成書。像夏曉虹、陳平原擬寫《舊學新知》，陳世強擬寫《佛典常談》，鍾叔河擬寫《載道以外的文字》等，都是絕好的題目，最終未能及時成稿。後來一陣國學熱，出版界一哄而上，書稿、作者搶得亂七八糟，再想獨打天下，再想靜下來，已經是不可能的了。記得在一九九四年，我還請王一方致意鍾先生，希望他能寫出那本書；但鍾先生沒有回答，只是簽送我一本他的新作《書前書後》。

寫於二〇〇五年

出版，果然是「文化」的旨意

總題記：這樣，書籍將我們帶入天使的國度……在書籍的幫助下，當我們還仍然居住在人間時，就已經獲得了我們天福的報償。

——引自《書之愛》

有訊息傳來，說《中國圖書商報》已經創刊十週年。我一陣目眩，拍一拍已經失去青春光澤的前額，心中卻沒有緊迫、如梭之類的感嘆，只是讚道：「好！看來建一個百年老報也不是什麼難事。」就這麼俯仰之間，十分之一的旅途不是完成了麼？記得《商報》創刊之時，程三國先生跑前跑後，給我的感覺是無論你在哪裡，只要他需要，就能夠找到你，不失時機地向你傾訴他的志趣！現在看來，這一干人馬成功了，我聽到文化人在談天說地時，時常提到《商報》的某些專刊和欄目；聽到在上海《財富》論壇上，他們的記者對貝塔斯曼總裁米德爾霍夫的採訪；還聽到他們與湯姆森學習集團總裁克里斯蒂，對世界出版大勢的深層探討與交流……

十年就這樣過去了。我們和我們的事業，都獲得過一些東西，失去過一些東西，有即時的衝動，有溫和的理解，有短暫的迷離，也有永久的訣別！現在，讓我們探討「十年來文化環境對出版的影響」，這卻是一個使人為難的題目。為什麼？因為在我們的語義系統中，「文化」是一個歧義的概念；它的含義太豐富，它的張力太強勢，而我們對它的把握和理解，又往往太膽怯、太孱弱！但那也沒什麼，好在沒有人要求或允許我們標新立異、闡幽發微。在直觀描述的前提下，只要我們建立兩個原則：一是客觀，一是個性，就可以沿著某一條路徑，在文化的庇護下，找到人與社會扭結、融合或交錯的一個圖式或脈絡；在這裡，「書」應該是永恒的主題！你可能會問：為什麼要用「應該」二字？這裡的主題不是「書」還會是什麼？錯！難道在我們長篇大論的時候，受制於內因、外因的影響，自覺不自覺地迷失主題的事情還少麼？

所以，在文章的開頭，我首先祭出《書之愛》中的一段話，它表述了一種對於「書」的宗教式的崇尚和熱愛！目睹今日出版之狀況，我們真的很需要這種極端的情緒。為什麼？別問了。總之，我希望在這樣的氛圍中，論說「文化與出版」的種種事情，才有意思！

一 背景

題記：上帝給人手指，是為了寫作而不是為了戰爭！

——引自《書之愛》

二〇〇三年，有一套書出版，名為《國史紀事本末》（一九四九—一九九九），有七卷本之多。其中包括「改革開放時期」上、下兩卷，紀事八十八條。瀏覽目錄，涉及到的與文化相關條目有「民主牆事件」、「清除精神污染」、「人道主義以及異化問題」等；而與出版直接關聯的事情有四條：《苦戀》、《河殤》、《中國大百科全書》、「五個一工程」。前兩項都是過去的事情，「紀事」的內容不會新鮮；我只注意了在《苦戀》的條目中，提到當時香港媒體對此事件的評論，其標題引辛棄疾詞曰：「更能消幾番風雨，匆匆春又歸去」？反映了「文革」後人們惶惶然的心態；這是時代的印記，今日讀起來還會有幾分心酸。當然，我最讚賞《中國大百科全書》的列入，此事一九七八年立項，有姜椿芳的建議，有鄧小平的批示和題寫「中國大百科全書出版社」社名。歷時十五年，終成七十四卷鴻篇巨製，「百科全書」。由此讓人想起十八世紀的法國人狄德羅，他開創了人類編撰「百科全書」的歷史；還有上世紀的王雲五，他為中國人編織了第一個《百科全書》的夢想，雖然沒有成功，卻開創了一段文化的先河！不由自主地，它還使我想起一段故事，那就是當狄德羅為編《百科全書》一文不名的時候，俄國女皇凱薩琳大帝慷慨解囊，給予他終身的年薪。現在我們中國人終於完成了自己的「百科全書」，這對於災難深重的中華民族來說，確實是一件可以大書而特書的事情！

一九九四年，柳堤發表過一篇美文，題為《鑄造中華文化的豐碑》。這是一篇紀念文章，它生動地記敘了《中國大百科全書》編撰的那一段歷史，其中充滿了對「書與人」的熱愛！實言之，此文是值得我們重讀和收藏的。需要提及的是，從柳堤撰寫於一九九五年的另一篇文章《盛典》中，我們又可以瞭解到另一部重要典籍《漢語大詞典》（十三卷）的出版過程，此中涉及到的人物有周恩來、鄧小平、羅竹風、陳翰伯、邊春光、陳原、葉聖陶、呂叔湘……反派人物有張春橋。這裡面有一段動人的故事，那是在一九七五年八月，當鄧小平將《漢語大詞典》編撰報告送到周恩來案上的時候，總理已在病中。但他依然很快就審批了這個報告，並且在報告的首頁寫下抱有歉意的一句話：「因病在我處壓了一下。」

兩部前無古人的巨著，在一九九三年、一九九四年相繼完成出版。從中我們可以清楚地看到文化傳承的力量，即使是在「十年動亂」期間，人們也從未停止過對於文化建設的追求，其歷盡艱辛、百折不回的精神，讓我們這些後來者肅然起敬！

正是在這樣的背景下，我們步入了一九九五年。此後十年間，可以說是出版大繁榮的十年；

其「大」不僅在出書多，更在於文化環境的日漸完好，為出版人提供了更加寬廣的操作空間。但是，要想在如此豐富、如此漫長的「文化斷代」中，理出一個明晰的頭緒，實在不容易！思來想去，還是列出幾個所謂「文化作用於出版」的實例，做一點描述，做一點思考。

二　領導

題記：哲學左手舉著王杖，右手舉著書，這就清楚地向人們展示，沒有人可以正確地統治一個國家而不依賴書籍。

——引自《書之愛》

翻開《中國出版年鑑》，每一卷都有「出版紀事」欄目。國家每年發出的出版法規、文件很多，那也是一種文化，其中不乏一些有趣的與書相關的信息。例如，據《中國出版年鑑》（一九九五年卷）記載，一九九四年十月八日，新聞出版署、國家版權局聯合發出《關於不得繼續發行、銷售未經授權出版的金庸武俠小說的通知》。細想一下，一是中央專為「金庸」發文件，可見其人其書的影響力；二是「未經授權出版」就是侵權，就是盜版，而那時「盜版者」卻是公開地做，我們還要「通知」，足見當時相關法律的缺失！時至今日，人們言必稱「知識產權」，授權出版已經成為常識性的東西，這正是歷史與現實的比照！我們不由得感嘆：短短十年間，時代確實進步了！

言歸正傳。國家重視出版的範例很多，我很想舉一例而反映全貌。結果，我在掠過歲月留影的字裡行間，發現一個好讓人感動的「頻發行為」，那就是國家領導人「尊重知識、支持出版」的一項重要活動，即為新書出版題寫書名，題寫賀詞，題寫序言……「頻發」到什麼程度呢？幾乎每個月都有。以《中國出版年鑑》、《中國圖書年鑑》的「紀事」為例，僅從數量上，就可以體會到領導們「在日理萬機的同時，還要關心文化事業」的感人之處。請看近年間，相關的題字、題詞、賀信、講話、寫序、座談、慶典等的紀錄次數：

一九九三年：十三次；

一九九四年：十二次；

一九九五年：十三次；

一九九六年：十一次；

一九九七年：十三次；

一九九八年：十一次；

一九九九年：十六次；

二〇〇〇年：六次；

二〇〇一年：十次。

可以肯定地說，此「紀事」一定不準確，當然不會記多，一定是記少了。例如，我經手編輯出版的兩套書，一是一九九四年出版的《世紀之交，與高科技專家對話》，就是李鵬同志寫的序，還有「國外的領導」聯合國秘書長蓋里的致詞，但「紀事」中卻未提到。再一是一九九九年出版的《工商管理大百科全書》，其中有朱鎔基同志的文章「代序言」，「紀事」中亦無記載。由此可見，「領導重視」的程度還將有勝於此數據的表現。

下面，我們對於這些活動做一點分析。首先，此中以紀念革命前輩的事情居多，幾乎包括了所有重大的紀念活動，像毛澤東百年誕辰、朱德一百〇七年誕辰、李大釗一百一十年誕辰、王稼祥九十年誕辰等等，都伴以各種書籍的出版，自然要簽字、題詞、首發……其次，是一些重大事件的紀念活動，像紅軍長征、抗日戰爭、中華人民共和國建國等等，情況與前述類同。還有一些與出版直接相關的活動，像商務百年、新華書店六十年、《中國大百科全書》出版、《漢語大詞典》出版、《中華大典》出版等等，也免不了領導出面，慶賀有加；有言道「盛世修典」，十年盛世，各類典籍果然紛紛出籠，政府又重視，故而忙得不得了。

在這些「紀事」中，我們還可以看到一些頗具人情味的事情，像《中國通史》出版之際，江澤民同志給白壽彝先生的賀信；朱鎔基同志也曾經致信，為蕭乾先生九十華誕祝壽，並祝賀《蕭乾文集》（十卷本）出版等，其形式與內容都是感人的，是為官者做人做事的楷模！另外，國家領導人題寫書名，涉及面十分廣泛，像《中國台灣問題（幹部讀本）》、《學子之路》、《保險知識讀本》、《科學與藝術》、《共和國十大將》、《馬萬祺詩詞選（二集）》、《舒同書法集》等等；見於「紀事」中的精彩題詞也有很多，例如，江澤民同志為《彭雪楓軍事文選》及《彭雪楓將軍》畫冊題詞：「文武兼備一代英才，功垂祖國澤被長淮。」李鵬同志為商務百年題詞：「詞源開新宇，名著集大成。」又為《中國傳統道德》題詞：「弘揚精華，除棄糟粕，廣徵博引，治學嚴謹，以教興國，精神文明！」

這方面的內容還有許多，非常豐富。他們讓我想起柏拉圖的一句話：「國家如果被學者統治，或者其統治者研究哲學，那麼國家將會非常幸福。」總之，這大概是一種傳統，一種追求，抑或是一個時代獨具的文化現象。畢竟我們剛剛經歷過那樣嚴酷的「文化寒冬」，來一點文化關懷的「矯枉過正」也是必要的吧！

三　獲獎

題記：真理是以思維、言語和書寫的三種形式表現出來的；而三者之中，似乎以在書中的表現更為有效，更為果實纍纍。

——引自《書之愛》

其實，文化環境對於出版的影響因素很多，我想擇其要，單單說一說「獲獎」這件事。改革開放以來，我國圖書評獎活動經歷了一個演變的過程。先是自發、自為，獎目繁多而無章法；近十年來，隨著社會的發展，由政府、學會以及學術部門出面，逐漸形成一個「大一統」的評價體系。如果我們站在社會文化的意義上審視這個體系，就會發現，我們評獎的目的是在鼓勵或曰確立「今日中國主流文化的構成」，而其表現形式正是對「書與人」的一種評判！或者直白地說，國家大獎告訴我們：我們應該出版哪些書、哪些人的書？我們應該讀哪些書、哪些人的書？這裡面，有傳統的東西，有現時代的文化政治因素，更有中華文明的骨架接續不斷的搭建！

應當看到，在出版的意義上，「主流文化」與時尚或流行文化有著相當大的差異。我們是否可以打一個比方，後者更像大自然每天變化的陰晴圓缺、風霜雨雪；而前者塑造的卻是相對不變的高山與江河！為此，我翻看了近年來暢銷書榜單，無論是文學類還是非文學類，在前一百名中，幾乎沒有圖書可以獲得國家圖書獎！不是這些書不好，而是文化系統的不同；越是在寬容的社會環境中，這種表現越豐富。所以，在現實的書業中，我們可以同時看到兩副面孔：一副是市場的面孔，它可以讓西風強勁，使「全球化出版」成為現實，它也可以讓韓寒、郭敬明之輩甚囂塵上，在商業上成功地「超越父輩」，甚至勾引得某些「父輩」也跟著發飆；另一副是主流文化的面孔，其階級構成不言自明，在久遠、巍峨的文明殿堂裡，他們不會給那些晚輩、小輩、雜輩們半點兒立錐之地，而國家大獎的評定正是其重要的表現方式之一！實言之，這「兩副面孔」的表現都非常活躍，也非常殘酷；在各自的領域內，他們分別舉著客觀主義的大旗，幹著存在主義的「勾當」，彼此之間毫無說理的餘地！然而，社會卻在這文化兩極的張力下，達到活躍和平衡。

國家圖書獎已經評了六屆，可以說，「嚴格」是最重要的主題之一。它有時可以表現得超越現實的許多藩籬，在某一個既定的空間裡我行我素！因為國家利益、專家的主流搭建，以及一個數千年來形成的、無形的文化巨手，交織在一起，任何人都應該在「責任」面前肅然起敬！即使是「偏見」，也應該是單純的。於是，我們在非標準化的現實中，找到了一個相對準確的系統，這正是我關注它的原因！我知道，國家圖書獎背後的故事太多；因此，我只想圍繞本文的主題，列舉其中的一個例子，那就是在六屆評選中，有哪些人的全集獲獎？請看：

第一屆　魯迅，李可染，莎士比亞，陶行知，冼星海，艾青；

第二屆　巴金，冰心，聞一多，高士其，宗白華；

第三屆　曹禺，鄒韜奮，張岱年，李白，齊白石，塞萬提斯；

第四屆　蔡元培，老舍，李儼，錢寶琮，鄭振鐸，朱自清，胡繩，亞里斯多德，俞平伯，張之洞，端智嘉；

第五屆　顧毓琇，胡風，李大釗，田漢，八大山人，馮至，馬寅初，湯用彤，艾塞提，梅蘭芳；

第六屆　郭沫若，呂叔湘，梁思成，賈祖璋，茅盾，吳梅，熊十力，姜亮夫，臧克家、卡繆，林則徐，吳汝綸。

需要說明，還有一些不得了的人物，他們是以《文集》參評獲獎的，像傅雷，王力，胡喬木，沈從文，葉聖陶，唐弢，季羨林，王朝聞，狄更斯，夏承燾，雨果，朱德熙，卞之琳等等。

這樣一個名單，縱橫古今，偶及海外。毋庸多言，不同的人站在不同的視角，一定會讀出不同的意義。關鍵之點在於：這些年出版社出版的大家名家的文集全集，遠遠多於獲獎的數字。剔除那些因技術質量問題落選的品種，仍然有大量著作因種種原因未能進入「正冊」。例如，我經手編輯的文集，就有幾部沒評上，像《周谷城文選》，落選的原因是選文太單薄，主題不清；《周一良集》，未能入圍，大概是歷史原因；《傅雷全集》，落選的原因是《傅雷譯文集》已評上；《陳原語言學論著》，已入圍，卻沒評上，原因不明。事實上，眼下許多出版社在出版「花錢掙名」的文集全集時，其遴選標準，都會越來越受到「評獎標準」的影響。你說，評委們的責任有多大？

四　難忘

題記：將一本書放在你的手中，就像公正的西門將幼小的基督摟在臂中，擁抱他，親吻他。

——引自《書之愛》

在如此豐富的十年中，終日與書相伴，難忘的事情很多。如果問道「最難忘」是什麼？我的頭腦中自然流露出「商務百年」的字樣。因為這絕不僅是一個出版社的事情，而是中國現代出版業一個盛大的節日！當然，我所難忘的不僅是它在中國出版界的崇高地位，更是它豐富的歷史與現實的精神內涵。難忘張元濟，難忘王雲五與他的「萬有文庫」，難忘《現代漢語詞典》和《新華字典》，難忘《牛津詞典》系列，難忘陳原和「漢譯世界學術名著」，難忘《趙元任全集》的組織和啟動……

「商務」是一桿旗幟，它更應該成為我們這一代出版人的精神支柱。其實我早就感嘆，在出版的意義上，無論我們如何變換手法，比照起來，大都跳不出「前輩們」的窠臼。記得在一九九五年，當我發誓追隨、效仿商務，啟動「新世紀萬有文庫」的時候，陳原先生就告誡我：「走商務的路，至少需要二十年的努力！」他實際上是讓我們靜下心來，守得住寂寞，一點一滴、扎扎實實地做一點事情。因為在這一片聖地裡，沒有投機取巧、偷工減料的道路可走。我覺得，這才是一個真正的出版人應有的態度。

你看，在《中國出版年鑑》（一九九五年版）的某一頁上，出現了一個有趣的現象，那就是這一頁連著記載了兩套大書的出版，一個是商務版的「漢譯世界學術名著」，它歷經十餘年辛勤勞作，終於匯成七輯三百種大作出版。一個是海南版的《傳世藏書》，它被列入國家八五計劃，要在兩年內「精選中華文化要籍一千餘種，二點五億字」，迅速出版。兩相比較，當然是後者的本事大。時光飛逝，有一天我驀然發現，在《中國出版年鑑》（一九九九年版）的某一頁上，又出現了一個有趣的現象，它也是連著記載了兩條消息，一個是商務印書館獲得優秀出版社表彰；另一個是經抽查，《傳世藏書》的差錯率達到萬分之六點零八二，嚴重超標，因此新聞出版署做出停止發行《傳世藏書》的決定。對於這些事情，我們業內的人都很熟悉。曾幾何時，《傳世藏書》多麼顯赫，有上市概念，又送聯合國收藏；記得當時我在一篇文章中說了一句「大而多誤的《傳世藏書》」，發表時都被編輯刪去了。然而，文化的傳承宛如大浪淘沙，來不得半點含糊；

否則，你就會受到懲罰！

你看，難忘的事情就是這樣喜憂參半。如果說《傳世藏書》還是好心辦了不好的事情，那麼王同億呢？就更讓我們哭笑不得了。在出版界，他的故事幾乎「婦孺皆知」，被稱為「王同億現象」。一九九三年起，商務印書館等出版社就狀告其種種侵權行為；一九九八年新聞出版署專門發出《關於不得繼續印製、發行和銷售《新現代漢語詞典》等三種侵權圖書的通知》。奇怪的是，到了二〇〇一年，王同億竟然能夠捲土重來，繼續編寫詞典，其中依然有「驚世駭俗」的注釋出現。例如，將「暴卒」說成是「凶暴的士兵」；「不破不立」釋為「公安機關受理的刑事案件，能偵破的，就立案，不能偵破的，就不立案。」等等。這簡直可以做相聲、小品的素材！

當然，難忘的事情還有許多，無非是難忘的書，難忘的人。但是，在超強的傳媒時代裡，相關的評論真是太多太多；我說不過它們，就不說了。只是嘴邊的幾個逝去的人，忍不住還要說出來，因為近來出現的一些相關評論，真讓人拍案叫絕！例如，董樂山。他原本是一個極其儒雅的人，但是他既翻譯了斯諾的《紅星照耀中國》，又翻譯了歐威爾的《一九八四》，所以有人在董先生逝世兩週年之際，發表《紅星照耀一九八四》的文章；林賢治更是在《只有董樂山一人而已》中寫道：「在當代中國……論翻譯界，我知道的是，只有董樂山一人而已。」我出版過董先生的幾部重要著作，聽到上面的評論，自然激動了很久。再例如，陳原。他的去世震動了文化界、出版界，人們寫了許多精彩的紀念文章，其中以我們的老領導宋木文先生的《思念陳原》一文最讓我感動，他那一句「陳原同志，我想念你！」包含了何等深切的意義！還有，沈昌文先生的《陳原的幾句外國話》一文，他說：「這位最善言辭的智者，到生命的最後關頭，竟然不能說話。起先說不了北京話，還會說廣東話——他幼時說的語言。最後一年光景，就似乎啥也不能說了。」據說由於沒有了「語言」，陳原先生經常在流淚！

這些年離開我們的人，還有周振甫，張岱年，張光直，金克木，施蟄存，柯靈，唐振常，李慎之……他們都讓人難以忘懷。寫到這裡，不覺一縷憂傷的情緒籠上心頭。可是，一想到他們都是豁達的人，一想到老年依然美麗的黃宗英攜著二哥馮亦代輕快地「歸隱書林」，一想到張中行先生那句絕妙的幽默之言：「我已經度過了老年！」心情才輕鬆了許多。

五　閱讀

題記：宗教秩序之神聖莊嚴的奉獻是慣於精心地護理書籍和在書中得到快樂，彷彿那是他們僅有的財富。

——引自《書之愛》

有觀點認為，十年之間，人們對「閱讀」的認識發生了最為深刻的變化。不是說變好了或變壞了，而是說變得輕鬆了、自由了、多元了、複雜了。我們出版人，最受閱讀文化的影響，怎麼可以不做一點深層的分析呢？

我覺得，改革開放以來，人們對「讀書」的認識經歷了三個階段，一是「讀書無禁區」的討論，二是「讀書致用與不立即致用」的觀點的流行，三是「讀書成為一種自由的生活方式」的倡導。眼下，我們正處於第三個階段。其實，在中外歷史上，這些事情都不新鮮，不信你聽：漢揚雄說「愛書如好色」，福樓拜說「閱讀是為了活著」，培根說「過度的求知欲望使人類墮落」，蒙田說「閱讀只是為了解除煩惱」。秦始皇為了防備人們造反而焚燒書籍；馬基維利為了銷蝕人的意志而勸人讀書……這些先賢們，該說的話都說了，該做的事都做了；我們只不過是從「十年動亂」到「思想解放」，又重複了一次人類文化變革的輪迴。所以，即使我們獲得了更大的閱讀空間，也沒什麼值得驕傲，只是趕上了一個好的「輪迴」，可以相對自由地思考、操作和言說罷了！

閱讀改變環境。在這十年間，書業真的很活躍，書多、書人多、觀點多，許多話說出來，還真有點「名言」的味道。諸如「讀書是一件私事」（朱正琳），「每個人都有庸俗的權利」（小寶），「讀書即消費」（程三國），「世間沒有完美的女人，也沒有完美的書」（石濤），「二十年不足以承載經典」（竇文濤），「與其說無書可讀，不如說無書可共讀」（黃集偉）……說得都不錯，許多見解直追古人。但是，我更欣賞陳原先生的一段話：「書迷與文明共生，甚至過著一種淡泊寧靜的自我犧牲生活，具備一種虔誠的殉道者精神。」還有王強：「我的書同我的心將永遠不分離。」當然，這些與那些，屬於兩個完全不同的語境。我無意於比較他們境界的高低，只是希望找出一些關於書的「唯美主義」的情操，理想主義的情結，面對當世的紛亂，可以靜靜地吟道：「回歸喲，來佔我空心！」（殷夫）

一個出版人，你在呼喚什麼「回歸」？當然是文化精神。在市場經濟的今天，劉杲先生說：「出版，文化是目的，經濟是手段。」沈昌文先生稱讚：「此語是名言，我們需要這樣的黃鐘大呂。」正是在這樣的主題下，我們才能夠建立起一些健康、自由、個性的閱讀空間。在這裡，我很想推薦兩本書，或稱雜誌書（Mook），即《閱讀的風貌》和《閱讀的狩獵》，它們堪稱「當代出版人的讀本」。它們講的是門徑，講的是方法，講的是理念，其中還有濃濃的感情。它使我深深悟到：要想讓讀書成為一種健康的生活方式，確實需要我們這一代人共同的努力！

說點兒題外話，或曰一段書人的趣事。在翻閱《閱讀的風貌》時，我曾經記下梭羅談「閱讀」的一段話，它們大概是郝明義先生的譯筆。那段話譯得精妙極了，為什麼這樣說？因為我還讀過徐遲先生的譯文，就比照一下吧：

無論我們多麼崇拜演說家的妙語如珠，最高貴的書寫文字比起那些飄浮的口語，就像是高遠的星空之於低處的浮雲。看！星星就在那兒，能讀的人就讀吧！（郝明義譯）

不管我們如何讚賞演說家有時能爆發出來的好口才，最崇高的文字還通常地是隱藏在瞬息萬變的口語背後，或超越在它之上的，彷彿繁星點點的蒼穹藏在浮雲後面一般。那裡有眾星，凡能觀察者都可以閱讀它們。（徐遲譯）

六　迷惘

題記：一個人不可能鍾愛黃金，又鍾愛書籍。

——引自《書之愛》

十年就這樣過去了，《中國圖書商報》也一點點成熟起來。可是，看一眼時下的書業，我卻有些迷惘了。從當年李洪林先生在《讀書》上一句「讀書無禁區」，如石破天驚；到如今卻見《新週刊》上血紅的大題「無書可讀」，中國出版界到底發生了什麼事情？

可能什麼事情都沒有發生，只不過是雜誌的一次炒作。今天的文化人已經不像前輩們那樣老實，那樣崇高。嚴博非就批評《新週刊》是無稽之談，「是不讀書的人才說的話。」《出版經濟》也說他們是「拿出版界開涮。」至於《新週刊》還將《萬象》雜誌評為當年的「年度新銳圖書」，那是「拿出版界再次開涮」！

也可能什麼事情都發生著，不然，為什麼李歐梵嘆息「當代已經沒有知識小說」？為什麼李敬澤指出「報告文學在遺忘中老去並枯竭」？為什麼林賢治宣稱李慎之是「永不回來的娜拉」？為什麼黃宗英親耳聽到毛澤東與羅稷南的對話，「嚇得肚裡娃娃險些蹦出來」？為什麼余秋雨要鬧著「封筆」？為什麼「長江讀書獎」遭到質疑？為什麼《讀書》出了個「中國公務員版」？為什麼馮象希望「每三年將《神曲》重讀一遍」？為什麼葛兆光寫完《中國思想史》，卻說「無論別人怎樣看，我已經是筋疲力盡」？為什麼湯姆森學習集團如此重視出版辛廣偉的《Publishing in China》？為什麼沈昌文、吳彬說「辦《讀書》的經驗是無能、無為、無我」？為什麼性、心靈、死亡「成為當代出版的三大熱門話題」？為什麼安波舜被稱為「布老虎之父」？為什麼陸灝又在抱怨「我為《萬象》付出了多少青春」？為什麼李慎之最大的遺願是編一套《中國公民讀本》？為什麼說「八十後的小孩見神滅神，遇佛殺佛，充滿了弒父情結」？為什麼「八卦文化」不可遏制？為什麼沈浩波要寫那麼噁心的《心藏大惡》？

對不起，「迷惘」又讓我浮想聯翩，夜不能寐；腦海中的問號一串一串地湧現出來。不必理我，一會兒就過去了。維根斯坦說：「一個人對於不能說的事情就應當沉默。」就此打住！

七　尾聲

因為它主要講述熱愛書籍這一主題，我們根據古羅馬的時尚，充滿深情地以希臘名詞「Philobiblon」來作為書名。

——引自《書之愛》

本文所引用的《書之愛》的作者，名為理查德・德・伯利，他是一位大主教。其實，還有一本《書之愛》，它的作者叫王強，就是「新東方」的那位才子。正是王強在自己的《書之愛》中，充滿激情地介紹了伯利的《書之愛》，沈昌文先生才一路追蹤，找到那本書，請來譯者蕭瑗，將它出版。於是，我們有了兩本《Philobiblon》！

寫於二〇〇四年

暢銷書：一面追風，一面追問

自從三十年前，我國出版緩步進入市場化，「暢銷書」就成了我們追逐的對象。想當年，我參與出版的第一本暢銷書叫《兒童簡筆畫》，印了幾百萬冊；後來還出版過《中國讀本》、《幾米繪本》等等，都有百萬、千萬的業績。在很長一段時間裡，我都是暢銷書的崇拜者與追風者。我總覺得，作為一個出版人，如果沒做過暢銷書，沒有過那樣激情的工作體驗，實在是編輯生涯的一大憾事。

近些年，伴隨著市場化與國際化的發展，「暢銷書」的地位日見飛漲，大有引領中國出版方向的架式。同時，人們對於暢銷書的議論和疑問之聲也多了起來。諸如，某書為什麼會暢銷？某暢銷書是好書嗎？怎樣做才能抓到暢銷書呢？……一連串的問號，把我們由實踐引向理性的思考。結果發現，經歷了那麼多年的實踐，我們的許多認識還處在迷茫狀態。原因是，以往我們不假思索地把暢銷書當作一個俗成的概念，以為圖書中的平庸書與暢銷書的區別，就像蔬菜中的茄子與更好的茄子一樣；沒有想到，暢銷書是西方經濟學中的一個專有名詞，它的界定與涵義，與我們「俗成的想法」有著很多不同。

其一，暢銷書是一個單純的商業概念，英文為Bestseller。它產生於上世紀初，美國《讀書人》開始發布每月的圖書排行榜，從而創造了這個詞彙。如果你問：「暢銷書是不是好書？」西方經濟學家會回答：「我們的講義中沒有『好書』的定義，只能說暢銷書是一個好商品。」不信你看一看它的英文單詞，就會有所感悟。由此想到，止庵曾說：「什麼書好賣就出什麼書，無可非議；什麼書好賣就讀什麼書，愚不可及。」他的話與暢銷書的定義完全吻合。

其二，在西方經濟學的詞典中，製造暢銷書的基本原則是「最小公分母原理」。也就是說，一本書能夠成為暢銷書的必要條件有兩條：用最小的成本，有最多的受眾。為了解決「受眾多」的問題，西方經濟學家泰勒·考恩結合文化產品的特殊性，給出了生產暢銷書的兩項基本原則，一是普世主義，即選擇那些人類文化共性的主題，像加拿大的「禾林小說」，它一九九〇年在世界上銷售了二億冊，幾乎佔據了美國平裝書市場百分之四十的份額，原因是它的主題不是加拿大文化，而是世界性的「女性問題」；還有一些具有普世性的主題，諸如個人英雄主義、情愛、打鬥、魔幻、死亡等等，暢銷書大都產生於這些領域。二是在內容上要採取「往下笨」（dumping down）的原則，也就是最大程度地降低圖書的文化品味，或者使之淺顯化，使你的書能「讓更為弱智或單純的顧客讀懂」，從而獲得更大的市場份額。聲明一下，這些刺耳的話不是我說的，它們引自泰勒・考恩《創造性破壞——全球化與文化多樣性》。也許有人會說：「某某讀本、學習材料還暢銷呢，它並不符合上述觀點啊！」你說得對，但那些書不屬於上述暢銷書的門類。因為市場化的暢銷書還有一條限定：它必須是「自由貿易」的產物。即它不包括那些政策性、計劃性的東西，它的數據是在自由選擇的狀態下，由書店的收銀台打出來的。

其三，還是泰勒・考恩的觀點，他認為，暢銷書格調低下、內容膚淺的原因不在作者，而在讀者。只有提高讀者文化品味，才有可能提高暢銷書的品質。比如，法國大餐之所以能夠保持精美的品質，是因為世界上有一些挑剔的、高品味的食客。正如沃爾特・惠特曼所言：「要有偉大的詩歌，就必須有偉大的讀者。」其實絕大多數作者並不想「往下笨」，只是為了暢銷，更是受到經驗老到的出版商的逼迫。黃仁宇的《萬曆十五年》成稿時，出版商要求他必須刪去引文和注釋，這樣才能使白領們讀得進去；黃憤怒地說：「夠了，我已經聽膩了。」歌德詛咒出版商是「惡魔的黨徒」；安瑟爾德更是嘲諷道：「拿破崙的偉大之處就是槍斃過一個出版商」。這就是西方出版商在作者心目中的地位。

其四，在某種意義上，垃圾書是暢銷書不可或缺的伴侶。美國出版商赫伯特・密特岡說：

「為了出版佳作，出版垃圾也是必要的。」不然為什麼那麼精明的美國人，每年出版五萬種圖書，也許只有三十種會成為暢銷書呢？在出版界從業五十多年的戴維斯也引用《聖經・馬太福音》中的話調侃道：「被召的人多，選上的人少。」所以說，在出版社的圖書結構中，暢銷書只能是全部圖書中的一小部分；想靠它獨佔出版社的選題，那真是夢幻般的幼稚。聽到這樣的「奇談怪論」，再定神看一看我們實際的圖書品種，美國人是否在「實事求是」呢？

其五，一般說來，暢銷書分為可預知和不可預知的兩類。對於前者，像《新華字典》那樣的長銷書；還有一些名人名作。此類顯性的圖書，無非是一些老牌的、有實力的出版商培育或競購的標的。

真正主流的暢銷書操作，往往是在無法預知的情況下產生的，出版商和作者都會被突然出現的「暢銷」嚇一跳。像《達文西密碼》，當丹・布朗聽到它登上《紐約時報》暢銷書排行榜第一名的時候，驚得從椅子上跌下來，把咖啡灑了一地；然後，他在西雅圖的大街上漫無邊際地遊走。記得二〇〇二年《幾米繪本》暢銷時，我也被巨大的印數嚇了一跳，一面安排工廠趕緊加印，一面接聽記者的採訪電話。記者問：「你怎麼知道幾米會暢銷？」我無言以對，只好說：「蒙的。」寫此文時，我有意搜集了幾位做暢銷書的編輯，他們在接受記者採訪時的回答。有的說：「事先有一點預感，但是最後的銷售情況還是出乎意料。」（李岩，《論語心得》出版人）

有的說：「這是運氣好，不知不覺地暗合了暢銷書的玄機。」（項竹薇，《鬼吹燈》編輯人）有的說：「可遇而不可求。」（謝壟璋，《花間一壺酒》出版人）這些話聽起來都有些底氣不足，或者是一致的謙虛。

其實「不可知性」是暢銷書的基本屬性之一。由此，我經常聯想到捉摸不定的股市，這大概正是市場經濟的魅力所在。戴維斯在一則故事中講道：有一次上帝來到人間，讓盲童復明，讓癱瘓的人站起來；但是，上帝卻沒有辦法幫助作家出版暢銷書，只能陪著他哭泣。（引自《暢銷書》）

寫於二〇〇八年

《萬象》創刊的三個關鍵詞

今年，《萬象》已經八歲了。回憶十多年前組建《萬象》的過程，有三個「關鍵詞」是值得銘記的。

其一是「沈昌文退休」。那是在一九九五年十二月十三日，《讀書》雜誌主編沈昌文來電話，他問我是否願意承繼上海孤島時期《萬象》的衣缽，編一本新時期的《萬象》？當時我有些懵懂，心想您《讀書》編得趣意正濃，何以又旁生枝節，移情《萬象》呢？不過，我是沈公的粉絲，我堅信，他想做的事一定很高明。「前有《讀書》，後有《萬象》」，我們何樂而不為呢？就這樣一拍即合。二十六日，沈公與揚之水拜見正在北京開會的王充閭，請他支持此事，並出任《萬象》的顧問；二十七日，我們共同去上海，請柯靈出任顧問，請陳子善找出《萬象》的老版本，更重要的是請陸灝主持編輯部的工作。就這樣一陣忙活，直至一九九六年元旦休息。元月四日，突然接到沈昌文一封打印的信：「親愛的朋友：我已遵示退休。為便於交接，經商定，《讀書》雜誌至一九九六年第四期止，仍由我擔任執行主編；第五期起，我即不復主持《讀書》編務……我退休以後，還將以各種可能的形式，服務文化，服務學術。希望海內外各位朋友仍然時賜教言，提示意見，為本人提供為中國開放、改革繼續效力之機會。」此時，我們才認識到沈公的深意，我們依然「何樂而不為呢？」

其二是「王充閭支持」。誰都知道，要想批准一個新雜誌是很難的。好在當時遼寧主管新聞出版的領導是王充閭，他是散文家，他懂得《萬象》的文化價值，他非常支持我們「文化移植」的理念。他與沈昌文、揚之水又是好朋友，幾方面的因素促成《萬象》樹幟，當時正值《春風譯叢》停刊，我們就頂了上去。但《萬象》真正創刊（一九九八年十二月），還是整整折騰了三年。這也是我從事出版工作二十多年間，辦成的唯一一本雜誌。

其三是「陸灝出山」。為什麼《萬象》編輯部放在上海，為什麼請陸灝主持《萬象》的日常工作，我在以前的文章中已經說清楚。在這裡我只想講三個相關的故事。一是一九九六年十一月三日陸灝的一封信，當時《萬象》的期刊號遲遲批不下來，陸灝憋得嗷嗷叫；沈先生情緒時而低落，時而高漲。實在沒有辦法，我們試圖「以書代刊」，先將陸灝組來的稿子匯集起來，出版一本《萬象譯事》，再出版一本《萬象雜書》。關於後者，陸灝的信中寫道：「它將是一本典型的海派雜誌，沈公要求繼承這一風格，並再三強調『俗』，認為這簡直是刊物的生命。我現在還不清楚沈公所謂的『俗』是什麼樣的。這幾天每晚陪伴張愛玲，感受四十年代的氣息。張愛玲能將世俗藝術化，又能將藝術世俗化，大概就是沈公所謂的俗話雅說。但這只是一個原則，一種境界，真正做起來並不容易。我想先編出一個樣子出來徵求意見，準備十一月底發稿，明年出書。」接著，陸灝列了一大堆文章和作者，作者有柯靈、李歐梵、施康強、須蘭、周黎庵、辛豐年、鯤西、紀樹立、錢文忠、嚴峰、郜元寶、王振忠、許紀霖、沈勝衣、戴子欽、谷林、陸谷孫、周劭、王強、朱正等等。其中有許多是「從《讀書》挖來的老薑」。後來《萬象譯事》第一輯出書了，只出了一本；《萬象雜書》還沒出成，期刊號就有了消息。

二是一九九九年《萬象》以雙月刊面世，剛出了幾期就引起不少議論。最有趣的採訪見於美國《紐約時報》，他們在六月廿七日週日最晚版一篇文章中寫道：「例如，《萬象》是一個傳播高雅文化和社會思想的新雜誌，它的靈魂（及其編輯們）都在具有濃厚人文氣息的上海。但是，它在官方名義上，是由一個遙遠的教材出版社——遼寧教育出版社完成的，而後者希望通過這一多元化的投資，不僅能擁有一份生機勃勃的雜誌，而且會吸引新的圖書作者……在中國，出版人是一個不足以引人注目的群體，但他們對未來充滿期望。他們說，社會在進步，自由在發展，『我們知道珍惜這一切，不會自毀長城』。一位《萬象》編輯如是說，『在政策允許的情況下，我們會發表一些稍稍異類的文章，甚至發表一些很有價值但被某些人曲解為所謂精神污染的文章。』」

三是一九九九年底，《萬象》決定在翌年改為月刊，開始在郵局徵訂。結果只報上來七百冊。此時電子郵件已經開始流行。十二月八日午夜零點五十分，陸灝給沈昌文發了一封郵件：「我快哭了。大家辛辛苦苦幹了一年，自我感覺還挺好，居然只有七百人賞識。到底問題出在哪裡？我快洩氣了！」見此，沈公自然也急了。他同時給王之江、資中筠、于奇、許紀霖、陳丰、陳原、沈雙和我發送郵件：「陸灝如此消極，我希望《萬象》的一切革命戰友都來規勸。」見此，大家紛紛回覆，一頓鼓勵。資先生說「酒香也怕巷子深」，許先生說「我也哭了」，沈先生說「化憤怒為藝術，化灰心為力量」，發自美國的沈雙說了些值得尋味的話，她寫道：「我想觀念的東西還是可以動的，只要做到抽象一點。而這正是美國文化的走向。比如最近在紐約現代藝術館有一個展覽回顧現代藝術發展，考慮到關於現代藝術的時間性的爭議，以及觀眾對於政治觀念的反感，比如女性主義等等，所以選用了下面的組合：places, things, people.當然沒有新的東西，是比較沒有衝擊力的後現代主義。但是不失為一種作法。中國做起來可能更有意思。『旅遊與文化』等都是無傷大雅的話題。總之我認為應該在形式，或presentation上下工夫。尤其在內容上不大能作文章的時候。你不妨從積極的意義上看待這個低潮……也許這正給你機會去實踐一些實驗性比較強的表現方式。很多時候政治上的開放並不是和文化上的繁榮同步的。」這些都成了後來《萬象》定位的思想基礎。

寫於二〇〇七年

「新世紀萬有文庫」十年祭

如果有人問：作為一個出版人，在過去的十年間，你所編輯的最難以忘懷的圖書是什麼？我一定回答：「新世紀萬有文庫」！不會是別的，即使在我整個的出版生涯中。為什麼？因為這套書中包含了太多的人與書的故事，太多的快樂與感傷，太多的世事沉浮……

其實，一個小人物的情緒是不值得公眾化的。關鍵是這裡面有一個重要詞彙意蘊悠長，它甚至貫通了中國百年出版的脈絡。那就是「萬有」！

一、一個最初的「緣起」

事情要回溯到一九九五年，那時我已經做了三年遼寧教育出版社的總編輯，正處在工作的興頭上，像「書趣文叢」、《牛津少年兒童百科全書》等，都是當時操作的項目。一天早晨，總編室主任王之江來說，馬路灣古舊書店正在處理當年老商務出版的「萬有文庫」，其中有不少好書，你不妨去看一看。我就去挑了幾本，有三上義夫的《中國算學之特色》、戴震校《算經十書》、江永《數學》，以及《古微書》、《世本》、《孟子雜記》、《五色線》、《詩地理考》等，都是我個人所好。

但是，翻看之間，我偶然讀到書前的一篇文章，心緒為之震盪得東倒西歪。那就是主編王雲五所寫的《印行「萬有文庫」緣起》一文，他講述了編輯此書的要點：論規模，「冀以兩年有半之期間，刊行第一集一千有十種，共一萬一千五百萬言，訂為二千冊，另附十巨冊。」論範圍，「廣延專家，選世界名著多種而漢譯之。並編印各種治學門徑之書，如百科小叢書，國學小叢書……」論市場經濟，「一方在以整個的普通圖書館用書貢獻於社會，一方則採用最經濟與適用之排印方法，俾前此一二千元所不能致之圖書，今可以三四百元致之。」論參與者，胡適之、楊杏佛、張菊生等均在其中。論編輯：「更按拙作中外圖書統一分類法，刊類號於書脊；每種復附書名片，依拙作四角號碼檢字法注明號碼。」……

看著看著，我不由得自卑起來，你看人家的編輯思想多麼完整；在出版的意義上，我無論如何都想不出超越他們的自信！正一陣長吁短嘆，恰好湖北的王建輝來電話說，《中國出版》要開一個欄目，叫作「青年編輯談如何跨世紀」，約我寫一點東西。我帶著上面的情緒嘆道：「我們的所作所為，遠不及老輩的膽識和業績，哪有談論跨世紀的臉面？」建輝兄笑笑說：「你的思考總會與眾不同，就寫這不同吧。」於是我寫了《向老輩們學習》一文，其中充滿了對王雲五及「萬有文庫」的崇敬和嚮往。

此時，編輯新「萬有文庫」的想法已經在我心中萌發了。

二、三位最重要的人物

不久，我把這想法向揚之水傾訴，她向我推薦了第一位重要人物楊成凱。楊先生是中國社會科學院語言所的研究員，呂叔湘的弟子。他的學術功力見於他的專著《現代漢語語法理論研究》，而我們更看重他廣博的版本學知識。他知道許多古代典籍的價值，知道哪些版本應該重印、應該搶救，甚至知道它們輾轉世間的蹤跡，知道如何按圖索驥找到它們！王之江就曾經幾次陪伴楊先生去江南民間尋書；那種體驗，自然包含著我們這一代出版人的追求，以及追隨前輩的熱情和勇氣。當然，在楊的身後還有一大批高人參與，有傅璇琮、袁行霈、王學泰等，更多的名字可以在書中見到。後來，「新世紀萬有文庫」古代部分的書目，正是在這些人的手中產生的。

另一位重要的或曰最核心的人物是沈昌文。那時因為「書趣文叢」的出版，我與沈公已經交往甚密；想做如此浩大的項目，怎麼會不求教於他呢？最初談論此事時，不知為什麼，沈公的表情有些複雜；後來在他的文章中我才瞭解到，他想到了老商務的資源，想到了王雲五的種種背景。我卻處在一個懵懵懂懂的狀態，只看一點，不計其餘，否則「解放思想，實事求是」還有什麼意義！當沈公定過神來，卻一反往日的悠然神態，表現出極度的認真和熱情。我們經常為此開會到深夜，可以說，我一時的衝動，只是到了沈公的手上才成為現實。此中有很多細節，像文庫的名字，最初叫「跨世紀」，改為「新世紀」；請陳原、劉杲等出山做總顧問，還開列出那個龐大的編委會名單；將文庫分為三個文化系列：古代、近世、外國；確定文庫的宣傳口號為「我讀故我在」；撰寫文庫每一集的「前言」等等，都是沈公的工作。外國文化書系也是他親自操作的。

此間，有一件事情讓我有些得意，那就是在文庫的組織過程中，我曾經寫過一篇文章《無奈的萬有》，表達我對出版前輩以及一些編輯高手的敬重，以及自己功力不夠無法超越他們的無奈心態。文章的結尾處寫道：「我們正在做一件好事情。先人們已經做得很好了，我們還要老老實實地做下去，力爭好起來！」對於這段平淡的敘述，沈公大為欣賞，將其引為文庫序言的開頭語，大概又有了幾分「孺子可教」的感覺。

接著，沈昌文又引出了另一位重要人物陸灝。今日看來，由陸灝主持近世文化書系，無論是他身處上海的文化地理優勢，還是他本人的素質，都堪稱絕配！從社會反響中也可以看到，讀者對這一書系最為讚賞，許多上世紀初戰亂時期四處流散的作品得以整理、重印，彌補了許多文化傳承的缺失。這當然要感謝陸灝的出色工作，以及他那一大群支持者：黃裳，唐振常，周劭，金性堯，鯤西……還有重要的陳子善。

以上三個人號稱「新世紀萬有文庫」的學術策劃，實際上是真正的操盤者。他們在書上署的筆名：王土是沈昌文，林夕是楊成凱，柳葉是陸灝。

三、一些最難忘的事情

當初，「新世紀萬有文庫」是一個十年規劃，即一九九六年至二〇〇五年，號稱「十年計劃，一諾千書」（柳青松語）。其實在一個半官制、半計劃、半市場的行業裡，誰能為這「承諾」咬上牙印？即使有那麼多行家的支持，即使有那麼多讀者的期望，即使被列入國家十五計劃，又有什麼用呢？它還是夭折了，它還是在前輩的光焰下黯然失色！唉，怪就怪我們的「十年計劃」訂得太唐突、太盲目，你一個末入流的小機構，一個流水輪盤的主事者，做事如此大而無當，理想就會變成空想，計劃就會變成騙局！想到這些，我感到無限神傷！

好在文庫已經有六集五百多冊出版，好在我們已經在文化的旅途中體驗到那麼多難忘的人與事。我記得，在文庫啟動之初，我們向陳原請教選書的標準，他說，唯一的標準就是「存留價值」。他曾經在牛津大學出版社的書庫中，買到他們一百年前出版的書，這些書已經增值數倍，正是牛津出版精神的體現！我也記得，在討論文庫的宣傳口號時，我們眾說紛紜，我提的是「精選的書目，精緻的印裝，精簡的價格，精神的伴侶！」柳青松提的是「精品簡裝，萬有書香！」沈昌文卻引馬克思語：「我們的事業並不顯赫一時，而將永遠存在，高尚的人們將在我們的墓前灑下熱淚。」其精神實質與陳原的觀點一脈相承。我還記得，我曾經問陸灝，你這麼年輕，怎麼會知道那麼多好書？他說，除了腿勤手勤這些常理，還要經常翻讀專家、大家的書話、札記等，記下其中提到的書，再深入研究，這是選到好書的一條捷徑。許多類似的編輯技巧和方法，正是職業化精神的體現。

難忘的事情還包括人們對文庫的評價，當然說好說賴的都有。比如董橋，他收到文庫第一集後，專門撰文《點亮案頭一盞明燈》，文中引徐渭《坐臥房記》：「一室之中可以照天下，觀萬有，一夢覺而無不知。」董橋接著說：「讀這些文庫、叢書，我常常會想起王雲五在商務的業績，覺得這樣的讀書人，實在體貼周到得可愛。」他讚揚了「新世紀萬有文庫」對老商務和王雲五的承繼，以及其中的幾本書，有《西廂記》、蘇雪林《唐詩概論》、蔣夢麟《西潮》，還有他尋之多年的葉恭綽《矩園餘墨》。

再如胡守文，他幾次在文章中提到「新世紀萬有文庫」；甚至在今年，他仍然在一篇「出版十年回顧」的文章中寫道：「在思想與產業的碰撞中，遼教社『建立一個書香社會』的文化理念誕生了。在這一理念的主導下，他們綿延不絕地推出了令業界矚目的『新世紀萬有文庫』。」

在對文庫的評論中，王一方的言論很有分量。在一九九八年的一篇文章《高高的「桅杆」》中，他從品評丹尼・狄德羅《百科全書》入手，引到我國歷朝歷代的「盛世修書」，再到王雲五的「萬有文庫」，最後落筆於遼教社的「新世紀萬有文庫」。他寫道：「俞曉群君欲承王雲五當年大整合舊願，理念上有所延拓，構架上有所梳理，圖書水準也沒有太大的起落。」接著，一方兄話鋒一轉，提出了文庫的三點不足，一是「萬有」一詞用之不當；二是傳統、近世、外國三個書系口袋長短不齊；三是選書向度太多，足以歧路亡羊。寫成此文後，他還給我來電話說：「曉群兄，冒犯了，其實這對開闊你的思路有好處。」我當然理解，這樣的文化氛圍正是我們所追求的生活方式。此後，我寫了一篇六千字的文章《在高高的桅杆下》，回應一方兄的觀點。陳原看到我的文章後，還對我稱讚了幾句！

最後，我還想列舉一些網上的點評。相對而言，網路的文化環境最自由，許多帖子很刺激、很坦率，請看：

江東弟子：文庫中許多書版本極其名貴，把幾百年沉湮不顯、若存若亡的珍本秘籍公之於世，功莫大焉。

唯一琦：文化善舉，嘉惠學林，有益文明，功在當代，德在千秋。

兔子跑了：文庫的優點是價格低廉（打折銷售），便於攜帶，品種豐富，有不少稀見書目。缺點是校勘不精，古籍部分無注釋，字體較小。

木兆軒主人：找不到其他版本時，就先用遼教的對付一陣，有了更好的版本，就把它扔掉。

不恥瞎問：文庫為什麼打折打得這麼利害？還有錢賺嗎？是書出了問題？

八大山：胡扯，「萬有文庫」又不是《聖經》，什麼價都能賣。

譚伯牛：一個遼教，一個晉古，都屬於好刻古書而古書亡的典型案例。

這些帖子採自「閑閑書話」。在那裡，每當有人談論「萬有文庫」時，跟帖的總會有一大幫人；雖然說什麼的都有，我的心中還是很暢快。用一句新詞，叫作「吸引眼球」；套一句老話，叫作「有則改之，無則加勉」。感謝網路讓我聽到那麼多聲音，使我們在「新世紀萬有文庫」出版十年的日子裡，有了祭祀或祭奠的心理依據！

四、「萬有」啊，一個最悠長的夢

初夏時分，正是一個幽幽入夢的季節，我卻從夢中醒來。那一陣清風細雨，淋得我好生透徹！打一個激靈，讓我想起了一段段依稀可見的夢境：在七十多年前，一個叫萊恩的英國人正在一座陰濕的教堂的地下室中忙碌著，一疊疊小開本的「企鵝叢書」就從這裡孕育出來；有趣的是，恰逢此時，在東方一個叫王雲五的文化商人，也開啟了他的「萬有文庫」工程。望著他們堅韌的身影，我迷離的雙眼中充滿了淚水，也充滿了對於文化傳承的渴望！接著，我還看到「漢譯世界名著」，看到一些前仆後繼的出版人的身影……

啊！一個「文化大夢」真的需要一代代有志於人類文明建設的人們辛勤耕作，無論風刀霜劍，無論長河飛瀉、碧水千疊，都絲毫撼不動他們的意志。走下去，我們亦步亦趨！

寫於二〇〇五年

後記：閱讀的體驗

記得二十年前，有一位朋友對我說，你要想成為一名真正的學者，你的專著必須能被像三聯書店這樣的出版社接受！我身處出版界，當然知道這句話的分量。於是，我用了十年的業餘時間，專攻「數術」，終於寫出《數術探秘》，於一九九四年在三聯書店出版。

但是，我依然不是一名「真正的學者」，我依然只是一名出版人。為什麼？因為當時只是一股血氣的噴湧，只是一個在眾多專家圍困下的小編輯，試圖證明點什麼的學術衝動。後來，編書的樂趣逐漸吞噬了我的身心，也銷蝕了我充當「學術票友」的熱情。近十年之內，我再沒有撰寫大塊兒的論文，再沒有為此參加學術會議；我幾乎將自己的全部精力都傾注在出版上，或者荒廢在許多無聊的事務中，無暇再顧及那一段「學者情結」。只是在偶爾靜下來的時候，想起那些似乎已經日漸遙遠的學術心境，心中就會隱隱作痛。不過，在「紛華盛麗」的現實生活中，我始終沒有「返身回去」的勇氣；只是為了消除內心的痛楚，我選擇了一個可行的方法，即要求自己擠時間堅持所謂「學術閱讀」，做讀書筆記，收集相關資料，以保證自己的頭腦中「數」的靈感的存活！

一般說來，學者的學術閱讀與編輯的出版閱讀是不盡相同的。前者的行為往往是單純的、專一的；後者的表現卻時常是跳躍的、豐富的，有時甚至是凌亂的。我作為一個職業出版人，自然對編輯的閱讀特徵極其熟悉，也有許多心得，二〇〇三年出版的《人書情未了》，就是我讀書、編書的筆記。實言之，我熱愛編輯工作，我喜歡編輯的生活方式，它較學者自由，它較其他行業的商人雅致，它較官員輕鬆……最讓人依戀的是，編輯的社會處境相對平緩，它可以給人提供更大的創造或逃避的空間，使你有更多的機會妝點或偽飾自己的精神世界！比如，學問做不好，可以解釋說「我的主業是出版」；尤其是也不必非要追求那麼好，它不是你「為稻粱謀」的手段，你也不必看學霸的臉色，更不必考慮學科呀、立項呀之類的問題，在如此的心境中閱讀與思考，時而信馬由韁，時而心馳神往，常常會產生無限的快慰！有這樣的閱讀生活，我當然要感謝編輯身分的恩惠，它也是我熱愛這個職業的原因之一！

我說得如此天花亂墜，其實它們只是事情的一個方面。因為無論如何，你的主業是出版，你不能喧賓奪主，你的思考必須克服「系統轉換」的衝突，你需要找到學術與出版的「閱讀結點」，你的快慰必須建立在「辛勞」之上！是的，我住在一所大學的生活區，滿院子的教授；但是，深夜裡，當我關上電腦、關上閱讀燈，再向窗外望去的時候，常常是一片漆黑，只有少許的窗燈還亮著！

讀書有不同的方法，寫作也有不同的方法。對於我這樣一個「不倫不類」的人，方法的選擇就顯得尤為重要了。在出版人中，我非常敬佩鍾叔河「學其短」的觀點，他把編輯做成了學問，悟出許多好的道理；我還鍾愛陳原《總編輯斷想》的寫法，他說是學維根斯坦的哲學著作那樣，盡力寫成一些「警句」！而於我，由於沒有他們那樣的學問和智慧，「敬愛」之餘，只會模仿，在形式上把文章句式做得短小，卻也迎合了我生活的零亂和懶惰。記得前些年，我出版一部《數與數術札記》。在行文中，我模仿著顧炎武的《日知錄》，膚淺地將問題羅列出來，篩選、扒堆、切碎；一有時間，就一個一個地注說；再集腋成裘，聚成一個學術或偽學術的「反應堆」，夢想在恰當的時候，使其發揮出組合的能量！讀《十三經》，點數其中的「數字」，記下數千條筆記，最終構成一部三十萬字的著作，我就是這樣日積月累完成的。

當然，我的所謂學術閱讀也沒有那麼單純，除去個人的喜好，它還與我的出版職業有著某些連帶。就說《數與數術札記》的構成，我不但考慮內容，還額外地對「形式」下了一番功夫。比如目錄的排法，我比照了許多學術著作的樣式，最後採取了列維—布留爾《原始思維》的檢索方式；還有其中的插圖，我與美術設計家鄭在勇先生幾番交流，力求在細微處，表現出某種精神的存在。什麼精神？那就是一個職業出版人的品味與功力。我總想在學術與出版的交錯之中，激發出一種個性的東西，為自己乃至讀者創造更多的歡樂！

另外，我一面做出版，一面做一點學問，還有進一步的職業思考，它們當然不是「編輯要學者化、專家化」之類的大道理，而是在讀寫的背後，隱藏著的一些不大光明的潛意識：

其一是「附庸風雅」。我們知道，編輯的主要工作是與學者交流。靠什麼「交流」？當然是知識。沒有知識，就會喪失起碼的話語的能力，只能聽從、屈從、盲從或不從。問題是這一個「從」字，不但讓我們陷入無知的苦惱，還會使我們失去編創之間相互溝通的趣味與風雅！那做編輯還有什麼意思，真的不如去賣雜貨。有言道：編輯做不了大學者！我們卻可以通過略知一些學問，努力去做學者的「附庸」！如何？

其二是「以假亂真」。眼下真學者不斷湧現，假學者也不少。其實有些真的也是半真半假，有些假的也是半假半真。市場經濟麼，出現這種情況也不奇怪，那也是一種「繁榮」！關鍵是難為了我們這些出版人。怎麼辦？沒有辦法，只好「深入敵後」，以假學者的身分去搞一點真學問，這個「假」是「假學者之名行編輯之實」的假！其目的不在成真而在亂真，恰好是一個「亂」字，讓我們的職業好玩兒起來！你真的不妨體驗一下。

其三是「中飽私囊」。你看，學者滿眼是書，編輯也滿眼是書；但學者的書是自己的書，編輯的書卻是別人的書。或者說，前者是「私書」，後者是「公書」。作為編輯，只編書不看書，只賣書不愛書，都是非常可惜的。學者在你身邊，他們不單是作者，還可以成為你的導師；書籍在你身邊，它們不單是商品，也可以成為你精神的私有財產！許多大編輯都好說：「我現在太忙，將來有時間一定要讀什麼、寫什麼！」可是歷史的經驗告訴我們，這事卻等不得。編輯在「當打之年」的讀寫，於公於私都有好處，也會成為一種互動，並且有許多便當之處，正所謂「求知要趁早」。不然，那麼多的學者在你眼前晃來晃去，那麼多的書籍在你眼前飛來飛去，都入不了你「即時閱讀」的法眼。等到「將來」，才想找他們，卻找不到了；才想讀它們，卻讀不懂了；才想寫它們，卻寫不動了，沒心思了。真的！

說出這三點，有些露出了我俗人的本相。搞什麼學問，無非是弄一點小巧，再若隱若現地流露出一些內心的陶醉！其實，也是在這一段時間裡，出版工作的沉浮讓我有了些許空閑，可以抽暇整理出一些文字，可以做出上面如此絮絮叨叨的思考。人的生活，真的很需要有一些波折，局部的僵死有時會激發出更大的活力！

談笑間，不覺已至歲末。北方的午夜清清朗朗，遠處掛著一輪冰冷的月亮，它背後的天幕顯得那樣遙遠，那樣純黑；極好的空氣透度，讓我們吐納之間，清涼而暢快，頓生萬里無塵的感覺！此時，冬至已過，時令又進入下一個「夜短天長」的週期。我們與生俱在的閱讀，才剛剛開始！

Passion 19

一面追風，一面追問

大陸近二十年書業與人物的軌跡

作者：俞曉群
責任編輯：徐淑卿
校對：呂佳眞
封面設計：張士勇工作室
法律顧問：全理法律事務所董安丹律師
出版者：英屬蓋曼群島商網路與書股份有限公司台灣分公司
台北市10550南京東路四段25號11樓
TEL：886-2-25467799　FAX：886-2-25452951
email：help@netandbooks.com
http://www.netandbooks.com

發行：大塊文化出版股份有限公司
台北市10550南京東路四段25號11樓
TEL：886-2-87123898 FAX：886-2-87123897
讀者服務專線：0800-006689
email：locus@locuspublishing.com
http://www.locuspublishing.com
郵撥帳號：18955675
戶名：大塊文化出版股份有限公司

總經銷：大和書報圖書股份有限公司
地址：台北縣新莊市五工五路2號
TEL：886-2-89902588
FAX：886-2-22901658

製版：瑞豐實業股份有限公司

初版一刷：2008年7月
定價：新台幣240元
ISBN：978-986-6841-27-9

國家圖書出版品預行編目資料

一面追風，一面追問／俞曉群著. -- 初版. --
臺北市：網路與書出版：大塊文化發行，
2008.07
面；公分. -- （passion；19）
ISBN 978-986-6841-27-9（平裝）
1. 書業 2. 閱讀 3. 出版 3. 人物志
487.7 97011484